"双一流"建设精品出版工程

"十三五"国家重点出版物出版规划项目

航天先进技术研究与应用/电子与信息工程系列

介观电磁均一化理论及应用

MESOSCOPIC ELECTROMAGNETIC HOMOGENIZATION THEORY AND APPLICATION

祁嘉然　邱景辉　著

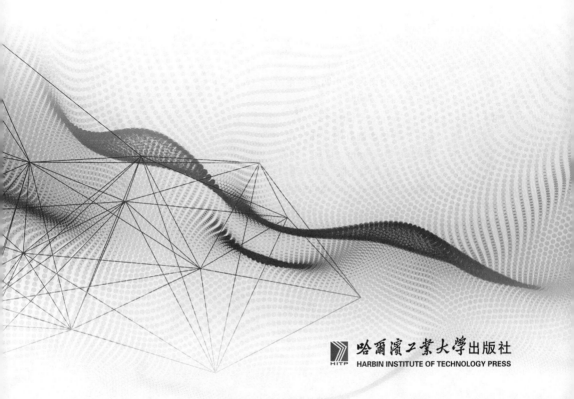

哈爾濱工業大學出版社

HARBIN INSTITUTE OF TECHNOLOGY PRESS

内 容 简 介

本书在对介观电磁均一化理论多年研究的基础上提出了涵盖静电学中以 Maxwell Garnett 和 Bruggeman 混合公式为代表的经典混合公式法、以散射参数法为代表的外部均一化方法及以场均一化法和色散图表法为代表的内部均一化方法的完整介观电磁均一化理论技术体系,并介绍了相关理论在新型人工复杂媒质设计与分析中的典型应用。

本书可供科研院所、高等学校从事电磁均一化技术研究的工程设计人员、教师、研究生等阅读和参考。

图书在版编目(CIP)数据

介观电磁均一化理论及应用/祁嘉然,邱景辉著. —哈尔滨：
哈尔滨工业大学出版社,2020.11
ISBN 978-7-5603-8649-2

Ⅰ.①介⋯　Ⅱ.①祁⋯　②邱⋯　Ⅲ.①介观物理-电磁理论-研究　Ⅳ.①O441

中国版本图书馆 CIP 数据核字(2020)第 024824 号

策划编辑　许雅莹
责任编辑　周一曈
封面设计　屈　佳
出版发行　哈尔滨工业大学出版社
社　　址　哈尔滨市南岗区复华四道街 10 号　邮编 150006
传　　真　0451-86414749
网　　址　http://hitpress.hit.edu.cn
印　　刷　黑龙江艺德印刷有限责任公司
开　　本　720mm×1020mm　1/16　印张 11.5　字数 237 千字
版　　次　2020 年 11 月第 1 版　2020 年 11 月第 1 次印刷
书　　号　ISBN 978-7-5603-8649-2
定　　价　38.00 元

(如因印装质量问题影响阅读,我社负责调换)

前　言

　　介观电磁均一化理论作为当代工业和信息化领域的一项研究热点，一直缺少一本全面且特色鲜明的专著作为教学和科研的参考书。特别是近年来，一些新兴学科的快速发展重燃了科学界对于经典电磁均一化理论的研究热情。以近年发展势头迅猛的交叉学科——材料电磁学为例，世界各国相关领域科研工作者在近十年的时间里在从事"超颖材料"的开发和设计过程中倾注了极大的热情和精力。所谓超颖材料是指具有周期或非周期相似结构的新型材料巧妙地设计亚波长单元结构，使得其具有天然材料所不具备的电磁特性，如高阻特性、负折射率、变折射率等。材料电磁学仍处于发展初期阶段，相关基础理论的研究严重不足，缺少严格基础理论的支持一度让这一新兴学科受到经典电磁学界的质疑和挑战。面对严苛的挑战，科研工作者不得不采用折中的办法，即抛开超颖材料的微观工作机制，通过经典电磁均一化理论和均一化技术从宏观上分析超颖材料的等效电磁特性参数来解释相关的工作机理或者设计理念，这套折中的办法不可谓不成功。从2004年开始的短短十余年间，介观电磁均一化迅速成为材料电磁学界的流行字眼，虽然不具有严格的物理意义，但是电磁均一化技术在一定程度上弥补了超颖材料研究中理论匮乏的问题。

　　伴随着新兴交叉学科的快速发展，经典电磁均一化技术也得到了极大的丰富和拓展，却鲜有论著以电磁均一化为主题，详细介绍其发展的来龙去脉、最新研究成果及其在科学研究和工业生产中的详细应用。本书正是基于这一需求，在系统归纳电磁均一化经典理论的同时，整理了该研究领域的国内外最新研究成果和应用实例，并着重突出了本书作者所在课题组近十年在该研究方向的重要创新性研究成果。

本书主要由三部分构成。

第一部分首先从介电常数和介质极化现象出发,回顾与电磁均一化技术相关的经典理论基础,然后介绍静电学中传统的电磁均一化理论,即混合公式法,主要内容涵盖 Maxwell Garnett 混合公式、Bruggeman 公式等。

第二部分为本书的重点内容,知识点均提炼于本书作者在准动态电磁均一化研究领域的大量科研成果;引入准动态频率范围的定义,进而介绍更高频段内混合物的电磁均一化理论和技术;重点介绍各种新型散射参数法的物理意义和数学方法、基于各种新型均一化模型的改进型散射参数法、针对介质混合物的自适应散射参数法等,同时介绍新颖的场均一化、色散图表法等均一化技术。

第三部分依托本书作者的研究成果,介绍了电磁均一化理论对于当前科学研究和工业生产的实际意义,其中主要包含改进和拓展新型电磁材料的设计方法等均一化理论在科研和工程应用中的实例。该部分内容有助于帮助读者明确电磁均一化理论在未来的发展方向以及应用前景。

祁嘉然副教授负责全书的撰写工作,邱景辉教授负责章节分配与前言撰写工作。

由于作者水平有限,书中难免存在不足之处,敬请读者批评指正。

祁嘉然

2020 年 2 月

于哈尔滨

目 录

第 1 章

电磁均一化理论简介

本章旨在将电磁均一化的基本思想及历史发展进程呈现给读者;详细阐述了电磁均一化理论应用的前提条件、基本物理过程、关键问题等方面的内容;结合在电磁均一化领域的多年研究基础和对该理论演化进程的梳理,指出其在新型电磁材料的电磁均一化应用中存在的缺陷;定义全新的准动态区域,即介观。本书将在该区域内展开介观电磁均一化理论的讨论和介绍。

1.1 混合物电磁均一化的哲学

"均一化"对应英文词汇 homogenization,实为化学词汇,原意是让互不相溶的两种液体以小分子状态均匀分布于另一种液体中的任何化学处理方法。前缀 homo 源于希腊语,意为均匀的、一致的。后来,"均一化"被物理界借鉴(特别是从事电磁学研究的学者),衍生出了均一化理论、均一化技术、均一化等效模型等概念。简言之,当不关心某个混合物微观的物理特征时,可以用宏观的等效物理特征来简化分析,这一过程即被称为均一化过程。若物理特征是媒质的电磁特性参数,如介电常数(permittivity 或 dielectric constant)、磁导率(permeability)和电导率(conductivity)等,就有了"电磁均一化"这一概念。

混合物是由两种或多种均匀物质经物理方式合成的,其不均匀性通常远大于组成物质的原子尺寸。混合物有诸多物理特征参数,如质量、密度、温度、比热容等,每一个物理量都会对应一种特殊的均一化过程。其中,求解给定混合物的体密度是一种最直接、简单也是最为人熟知的均一化过程。如果知道组成混合物的每种均匀物质的密度 ρ_i 和相应的体积率 $p_i\%$,那么通过下面的体积平均(volume averaging)公式

$$\rho_{\text{eff}} = \sum_i \rho_i \times p_i\% \tag{1.1}$$

即可计算出混合物的平均或者等效密度 ρ_{eff},下标 eff 为英文 effective 的简写,意为等效。

然而,并不是所有均一化过程都如式(1.1)那样简单且容易操作,特别是本书所要介绍和讨论的电磁均一化过程。总体来说,电磁均一化的过程中有一条原则必须遵守,即从基本的电磁学法则出发,提出均一化理论,并推导出相应的均一化公式。

那么,什么是电磁均一化呢?通过前面的描述,读者可能相对容易理解其第一层含义,即平均。而对给定混合物的电磁均一化过程就是用更少的宏观等效电磁特性参数来替代完整的微观描述。例如,对于给定的不均匀电介质小球(所谓不均匀,是指电介质的介电常数是空间位置的函数,即在电介质不同的位置,介电常数的取值不唯一),介电常数完整的微观表达式不利于快速分析其电磁散射问题。在不追求计算精度的前提下,可以利用电磁均一化的理念,将微观不连续的介电常数用等效介电常数代替,从而用等效的均匀介质模型替代实际的非均匀电介质小球,达到简化分析的目的。需要强调的是,确定宏观等效介电常数的基本原则是等效的均匀介质模型与实际非均匀介质具有近似的宏观电磁响

应,如二者对于同一均匀平面波的照射表现出近似的反射、透射和吸收特性。

　　然而,电磁均一化并不简单的等同于平均。为了更好地理解本书的这一核心内容,需要挖掘其更深层次的意义,可以从媒质是否均匀谈起。首先,观察距离很重要。图 1.1 所示为不同距离下观察到的雪的不同形态。在冬天的很多生活场景下,人们都会认为雪看起来很均匀,如广袤大地或者乡间农舍上覆盖的皑皑白雪、哈尔滨一年一度的冰雪大世界中的雪雕艺术品等。但是,白雪其实是很不均匀的。在冬季的飘雪天里,无数雪花堆积起了地上厚厚的白色外衣。仔细观察地上的雪就会发现颗粒状的不均匀结构,通常这种不均匀性并不具有明显的周期性。将雪捧在手心,或者用相机的微距模式拍摄时,就会发现更加精细且随机的冰晶结构,这些精细结构的尺寸通常在毫米级。

(a) 北方农舍上厚厚积雪覆盖

(b) 雪的艺术品——雪雕

(c) 较近距离观察地面上的积雪

(d) 微距镜头下的雪花

图 1.1 　不同距离下观察到的雪的不同形态
(注:图片源自百度图片)

　　现在要讨论的问题是,如果抛下手中的白雪,站到很远的距离观察它,图 1.1(d) 中雪的精细冰晶结构对于观察结果有没有影响? 答案显而易见。虽然我们清楚雪实际上是不均匀的,但是对于人眼来讲,当观察距离足够远时,雪看起来是非常均匀的。因此,观察距离是我们判断媒质是否均匀的重要条件。严格意义上讲,没有媒质是绝对均匀的,但均匀本身就是一个相对的概念。若观察距离远大于混合物不均匀性的最大尺寸,那么混合物的不均匀性不会对观察结果构成任何影响,此时就可以认为该媒质是均匀的。

接下来要思考的问题是,除了观察距离,还有哪些因素会影响判断媒质是否是均匀的? 人眼能感知到特定频谱的电磁波,其波长为 $380 \sim 780$ nm,称为可见光。我们之所以能看到不同的物体,是因为人眼能够感知到被物体反射、散射或者透过物体的可见光,而这些特殊频段的电磁波恰恰携带着物体的信息,如物体的颜色和大小等。众所周知,裸眼或者光学显微镜是无法观察到原子结构的,原因是它们的尺寸要远小于可见光的波长,原子级的结构信息也就无法加载在可见光频段的电磁波上,这就是为什么光学照片存在分辨率的概念。每个像素点的信息其实就是所有尺寸小于该像素点大小的所有信息的均一化结果。通过类比机械波,可以更好地理解电磁波波长与物体尺寸之间的相对大小关系对于电磁均一化的影响。海浪是一种典型的机械波,十余米高的海浪打在尺寸相当的礁石上会产生强烈的撞击声,而一片厘米级的树叶不会对海上的巨浪产生显著影响。可以类比地得出这样的结论:对于任意频段的电磁波,其感知或者探测最小结构尺寸的能力是有极限的,这个极限恰恰与用于探测的电磁信号的波长有关。由于电磁波对尺寸远小于其波长的结构视而不见,即不会产生显著的散射、反射等电磁现象,因此电磁波的传播特性不会发生改变,也就不会携带物体在小于该尺寸范围上的电磁特性信息。换句话说,如果混合物的最大不均匀尺寸远小于电磁波最高频谱分量的波长,那么混合物对于该电磁波而言就是均匀的。同时,宏观的等效电磁特性参数才是有严格物理意义的,均一化过程和相应的技术手段才是合理、有效的。否则,强行进行均一化过程,其分析结果很可能会存在诸如违背物理定律的问题。

我们回到前面提到的"雪"的例子。在遥测、遥感领域中,遥感卫星是指用作外层空间遥感平台的人造卫星。作为遥感卫星的代表,地球卫星主要承担着搜集地球资源和环境信息的任务,其遥感数据已广泛用于土地森林和水资源调查、农作物估产、矿产和石油勘探、海岸勘察、地质与测绘、自然灾害监视、农业区划、重大工程建设的前期工作以及对环境的动态监测等领域。地球卫星通常采用微波段电磁信号,而覆盖在陆地上的雪层会对遥感信号产生影响。由于地球卫星使用的微波频段电磁波信号的波长要远大于雪的精细冰晶结构的尺寸,因此认为在这种应用背景下雪层是均匀的,用宏观等效电磁特性参数来描述其宏观电磁响应具有较为严格的物理意义。在春季,可能需要通过遥测信息分析不同时间点雪层中的含水量。在这个应用实例中,我们并不关心雪层中冰晶的精细结构,而更加关注其体现出的宏观电磁响应特性。此时,就可以利用电磁均一化技术,通过遥感信息得到雪层的等效电磁特性参数,即介电常数,然后找到等效介电常数和雪层含水量在数学上的联系,最终确定雪层含水量。这是一个典型的电磁逆向问题(electromagnetic inverse problem),而这个数学上的联系正是本书第 3 章要讨论的混合公式(mixing formula)。自然界中很多混合物的掺杂方式要远比"雪"复杂得多。例如,如图 1.2 所示的玄武岩断面结构,其内部不仅包含多种具有不同电磁特性参数的媒质,而且其内部各种媒质的形状和大小也不尽相同。这无疑给电磁均一化过程,尤其在相关的数学建模阶段提出了很大的挑战。

可以通过如图 1.3 所示电磁均一化的基本物理过程来形象地总结电磁均一化相关知识要点。图中示意的是均匀平面波垂直入射到给定的有限厚度薄板型介质混合物时产生的反射和透射问题。其中,E、H、k_0 分别表示均匀平面波的电场矢量、磁场矢量和波矢量;S_{11} 和 S_{21} 分别表示反射系数和透射系数;ε_{eff} 和 μ_{eff} 分别表示等效均匀介质模型的等效介电常数和等效磁导率。

图 1.2　玄武岩断面结构
(该图来源为北京大学地球科学国家级实验教学示范中心网络平台)

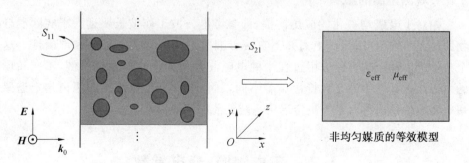

图 1.3　电磁均一化的基本物理过程

1.电磁均一化的基本物理过程

用具有宏观等效电磁特性参数(通常是等效介电常数 ε_{eff} 和等效磁导率 μ_{eff})的均匀媒质模型来代替具有完整微观电磁特性描述的实际混合物样本,从而大大降低了电磁特性参数的数量,极大地简化了电磁分析的复杂程度。

2.应用电磁均一化的前提条件

如图 1.3 所示的过程具有较为严格物理意义的条件是对于给定的参考电磁波,其工作波长要远大于实际混合物的最大不均匀度。在此前提下,才可以将混合物等效的视为均匀媒质,引入等效电磁特性参数才具有较为严格的物理意义。否则,强行的均一化过程可能会产生违背物理定律的现象。

3.电磁均一化的关键问题

在遥测遥感领域的相关研究中,电磁均一化的关键问题是:第一,如何通过遥感信号获得等效电磁特性参数;第二,如何建立宏观等效电磁特性参数与被测物体实际物理参量之间的数学联系。这是一个典型的电磁逆问题。例如,如图 1.3 所示的典型电磁逆散射问题就是通过散射参数 S_{11} 和 S_{21} 来逆向确定等效介电常数 ε_{eff} 和等效磁导率 μ_{eff} 的。

另外,在材料合成的相关研究中,通常要面对的是一个正向问题。由于实际应用条件的限制,天然材料可能无法满足应用的需求,如质量上的限制、雷达散射截面的要求等,因此需要通过设计复合材料在保证相同宏观电磁特性的前提下同时满足应用对于材料其他物理特性的要求。此时,已知材料各组成部分的电磁特性和其他物理特性,需要建立的是这些变量与宏观等效电磁特性参数之间的关系。

4.观测距离的影响

相对于电磁均一化的应用前提,即参考电磁波工作波长要远大于实际混合物的最大不均匀度,观测距离并不直接影响电磁均一化的正确性和准确性。这个条件更多地影响实际应用过程中的电磁波频率选择。以遥感为例,不同频段的电磁波在大气中的衰减特性显著不同。因此,参考给定的观测距离选定遥感用电磁波的频段称为最终决定遥感系统性能的重要因素。

1.2　历史溯源:介电常数

1.1节明确了均一化的物理过程和应用前提。其中,作为衡量介质及其混合物电磁特性的重要参数,介电常数被反复提及。这里简单回顾介电常数的由来。

静电学(electrostatics)起源于2 600多年前希腊的米莱德斯。哲学家泰利斯发现了与绒布摩擦后的良绝缘体琥珀能够吸附细小的木屑。可是,直到1729年,科学家们才开始研究物质的介电特性。史蒂芬·格雷发现电可以沿着包装绳传播几百英尺(1 英尺 $\approx$ 0.304 8 m),这项研究促使人们意识到导电媒质和绝缘媒质之间的区别。而在随后的18世纪40年代,在荷兰的莱顿城出现了静电学发展史中的重要发明之一,即莱顿瓶(Leyden jar)。某种程度上,莱顿瓶可以被认为是现代电池的始祖。比起早期的储电装置,莱顿瓶能够把更多的电量存储更长的时间,这一伟大的发明在一定程度上催生了介电常数概念的出现。

莱顿瓶的出现允许科学家研究含有不同化学成分的物质的储电特性。亨利·卡文迪许在18世纪80年代细致地研究了不同材料的电容值。但不知为何,卡文迪许并没有公开发表他的研究成果。直到19世纪30年代,伟大的实验物理学家迈克尔·法拉第重复了卡文迪许的工作,将绝缘体称为介质(dielectrics),并通过测量两平行金属板间添加不同介质时的储电特性的变化,确定了这些被测物质的"具体的感应能力"(specific inductive capacity)。19世纪下半叶,科学家们逐渐用介电常数来描述介质的储电特性,经典电动力学奠基人詹姆斯·克拉克·麦克斯韦尔就是其中的代表。介电常数(dielectric constant or permittivity,记作希腊字母 ε)这个名词一直沿用至今,描述电介质储存电能的性能。介电常数代表了电介质的极化程度,即对自由电荷的束缚能力。著名物理学家开尔文通过电磁互易定理类比地定义了磁导率(magnetic permeability,记作希腊字母 μ),表征物质的导磁性能。

1.3　电磁均一化理论的演化

经典电磁均一化理论始于19世纪中叶。为了方便地研究混合物的电磁特性,科学家们开始尝试用具有相同宏观电磁响应特性的均匀物质模型来等效实际的非均匀物质或混合物。均匀物质的电磁特性主要由其微观组成决定(即分子和原子的结构、排列、极化特性等);而混合物是由两种或多种均匀物质经物理方式合成的,其不均匀性通常远大于其组成物质的原子尺寸。因此,混合物的电磁特性除了受其各组成物质的分子和原子影响,还取决于混合物的不均匀性。这种不均匀性通常包括混合物各组成物质的几何结构(geometrical structure)、排列方式(spatial arrangement)、体积率(volume fraction,即某个组成物质与混合物的体积比)等因素。因此,利用电磁全波分析手段直接研究混合物的电磁特性,在建模时就必须要考虑到上述诸多因素。相比之下,均一化技术具有等效均匀物质模型（即均一化模型）特性参数少、便于进行电磁分析等优势，可以忽略混合物内部复杂的电磁场分布，而只关注其宏观电磁特性。综上所述，通常将描述均一化模型宏观电磁响应的特性参数定义为等效介电常数 ε_{eff} 和等效磁导率 μ_{eff}。

常用的均一化技术主要包括混合公式法（mixing formulas）和散射参数逆推法（scattering parameter retrieval）。混合公式法只适用于由两种均一物质组成的两相混合物且其中一种物质（称为内含物）的几何形状为球形或椭球形。常用的混合公式包括：Maxwell－Garnett 型混合公式，适用于球形或椭球形内含物互不接触的两相稀疏型混合物（bi-phase dilute composites），即内含物的体积率一般不大于 30%；Lord Rayleigh 型混合公式，适用于具有周期性排列内含物的晶格型两相混合物。散射参数逆推法适用于薄板型混合物，对混合物的内部结构没有任何限制。基于均一化理论，将薄板型混合物等效为均匀物质模型，再利用平面电磁波与薄板型混合物相互作用时产生的散射参数，逆向推导出均一化模型的电磁特性参数 ε_{eff} 和 μ_{eff}。

传统的均一化理论和相应均一化方法都是建立在准静态频率范围内的（图 1.4）。在准静态（quasi－static）条件下，混合物的不均匀性 a 将远小于入射的参考电磁波在该混合物中的等效波长 λ_{eff}。此时，混合物内电磁场分布十分接近静态场的分布，等效的均匀物质模型也就具有严格的物理意义。因此，$a/\lambda_{eff} \ll 1$ 便成为能否应用传统均一化理论以及相应均一化技术的充分条件。

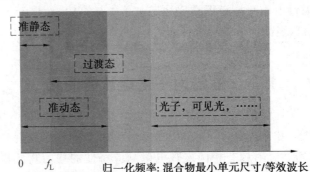

图 1.4　根据混合物最小单元尺寸（不均匀性）a 对于不同频率
电磁波的敏感程度，将频谱由低到高进行分类

然而，这一条件大大地限制了传统均一化理论和方法的有效频率范围，进而制约了对于混合物宏观电磁特性频域色散的研究。近年来，随着具有特异电磁特性的新型材料的陆续涌现，科学家们迫切需要一种通用且有效的技术手段来分析新型材料的宏观电磁特性，以解释新型电磁材料的工作机理，进而改进和拓展新型电磁材料的设计方法。目前，散射参数法是常用的分析混合物宏观电磁

色散特性的方法之一。D. R. Simth 及其课题组于 2002 年率先应用散射参数逆推法分析了一种具有负折射率的新型材料的宏观电磁特性参数 ε_{eff} 和 μ_{eff}。然后，大量的科研报道致力于改进散射参数逆推法的稳定性和解的唯一性。同时，大多数报道新型电磁材料的文献均采用散射参数逆推法进行电磁均一化分析。但是，在这些报道中，所得到的均一化模型参数（ε_{eff} 和 μ_{eff}）的色散特性常常会违背基本的物理定律，如无源定律和因果定律（the law of passivity and the law of causality）。严格意义上讲，宽频域范围（$a/\lambda_{\text{eff}} \gg 1$）的均一化分析并不具有任何物理意义。此时，混合物内的电磁场急剧变化，无法将混合物合理地等效为均匀物质模型，建立在等效均匀物质模型基础上的散射参数逆推法也随之失去严格的物理意义。也就是说，大多数科研工作者忽视了散射参数逆推法的应用前提，即混合物的不均匀性 a 应远小于入射的参考电磁波在该混合物中的等效波长 λ_{eff}。

为了探讨利用散射参数确定混合物宏观电磁色散特性的可行性这个常常被忽视的命题，作者课题组于 2009 年起率先研究了针对薄板型两相介质混合物的散射参数逆推法，提出了多种适用于该种介质混合物的准动态（quasi-dynamic）均一化模型和均一化技术。根据混合物最小单元尺寸（不均匀性）a 对于不同频率电磁波的敏感程度，将频谱由低到高进行分类，如图 1.4 所示，定性地将包含准静态（quasi-static）以及靠近准静态边界（quasi-static limit）的频率范围定义为准动态区域，即本书名中的介观。介观介于宏观和微观之间，其特性也兼具微观和宏观的特点，但又截然不同。正如我们所预见的，在距离准静态边界（quasi-static limit，记为 f_{L}）相对较近的频率范围内，均一化理论虽然会逐渐失去严格的物理意义，却仍可以近似地描述混合物的宏观电磁特性。前期工作表明，传统的均匀物质模型和传统的散射参数逆推法在准动态频域内已经无法正确地描述混合物的宏观电磁色散特性。因此，作者课题组提出了更新的改进模型和均一化方法，在一定程度上很好地解决了上述问题，进一步拓宽了准动态均一化方法的频率可用范围。

本章参考文献

[1] SIHVOLA A H. Electromagnetic mixing formulas and applications[M]. London: IEE, 1999.

[2] MILTON G W. The Theory of Composites[M]. London: Cambridge Uniuersity Press, 2002.

[3] NICOLSON A M,ROSS G F. Measurement of the intrinsic properties of materials by time-domain techniques[J]. IEEE Transactions on Instrumentation and Measurement,1970,19(4):377-382.

[4] WEIR W B. Automatic measurement of complex dielectric constant and permeability at microwave frequencies[J]. Proceedings of the IEEE,1974, 62(1):33-36.

[5] WEIGLHOFER W S,LAKHTAKIA A. Introduction to complex mediums for optics and electromagnetics[M]. Bellingham,WA:SPIE press,2003.

[6] SMITH D R,SCHULTZ S,MARKOŠ P,et al. Determination of effective permittivity and permeability of metamaterials from reflection and transmission coefficients[J]. Physical Review B,2002,65(19):195104. 1-195104. 5.

[7] ZOUHDI S,SIHVOLA A,VINOGRADOV A P. Metamaterials and plasmonics: fundamentals,modelling,applications[M]. Netherland:Springer Science & Business Media,2008.

[8] LANDAU L D,BELL J S,KEARSLEY M J,et al. Electrodynamics of continuous media[M]. New York:Pergamon,2013.

[9] SIMOVSKI C R,TRETYAKOV S A. Local constitutive parameters of metamaterials from an effective-medium perspective[J]. Physical Review B,2007, 75(19):195111.

[10] SILVEIRINHA M G,FERNANDES C A. Homogenization of 3-D-connected and nonconnected wire metamaterials[J]. IEEE Transactions on Microwave Theory and Techniques,2005,53(4):1418-1430.

[11] SIMOVSKI C R. On electromagnetic characterization and homogenization of nanostructured metamaterials[J]. Journal of Optics,2010,13(1):013001.

[12] MCPHEDRAN R C,POULTON C G,NICOROVICI N A,et al. Low frequency corrections to the static effective dielectric constant of a two-dimensional composite material[J]. Proceedings of the Royal Society of London. Series A: Mathematical,Physical and Engineering Sciences,1996,452(1953):2231-2245.

[13] SOMMERFELC A. Über die Fortpflanzung des Lichtes in dispergierenden Medien[J]. Annalen der Physik,1914,349(10):177-202.

[14] BRILLOUIN L. Über die Fortpflanzung des Lichtes in dispergierenden Medien[J]. Annalen der Physik,1914,349(10):203-240.

[15] BRILLOUIN L. Wave propagation and group velocity[M]. New York:Academic Press,1964.

[16] OUGHSTUN K E,SHERMAN G C. Propagation of electromagnetic pulses in a

linear dispersive medium with absorption(the Lorentz medium)[J]. JOSA B, 1988,5(4):817-849.

[17] ALBANESE R,PENN J,MEDINA R. Short-rise-time microwave pulse propagation through dispersive biological media[J]. JOSA A,1989, 6(9):1441-1446.

[18] SIHVOLA A. Dielectric mixture theories in permittivity prediction:effects of water on macroscopic parameters[J]. Microwave Aquametry,1996:111-22.

[19] WYNS P,FOTY D P,OUGHSTUN K E. Numerical analysis of the precursor fields in linear dispersive pulse propagation[J]. JOSA A,1989,6(9):1421-1429.

[20] ZIOLKOWSKI R W,JJUDKINS J B. Propagation characteristics of ultrawide-bandwidth pulsed Gaussian beams[J]. JOSA A,1992,9(11):2021-2030.

[21] BALICTSIS C M,OUGHSTUN K E. Uniform asymptotic description of ultrashort Gaussian-pulse propagation in a causal,dispersive dielectric[J]. Physical Review E,1993,47(5):3645-3669.

[22] OUGHSTUN K E,BALICTSIS C M. Gaussian pulse propagation in a dispersive, absorbing dielectric[J]. Physical Review Letters,1996,77(11):2210.

[23] BALICTSIS C M,OUGHSTUN K E. Generalized asymptotic description of the propagated field dynamics in Gaussian pulse propagation in a linear,causally dispersive medium[J]. Physical Review E,1997,55(2):1910-1921.

[24] DVORAK S L,ZIOLKOWSKI R W,FELSEN L B. Hybrid analytical-numerical approach for modeling transient wave propagation in Lorentz media[J]. JOSA A, 1998,15(5):1241-1255.

[25] NI X H,ALFANO R R. Brillouin precursor propagation in the THz region in Lorentz media[J]. Optics Express,2006,14(9):4188-4194.

[26] OUGHSTUN K E. Dynamical evolution of the Brillouin precursor in Rocard-Powles-Debye model dielectrics[J]. IEEE Transactions on Antennas and Propagation,2005,53(5):1582-1590.

[27] ELLISON W J. Permittivity of pure water,at standard atmospheric pressure,over the frequency range $0-25$ THz and the temperature range $0-100$ ℃[J]. Journal of Physical and Chemical Reference Data,2007,36(1):1-18.

第 2 章

介电常数与极化

本 章系统介绍了电磁均一化理论的操作对象,即媒质的介电常数;
从物质的极化和磁化现象出发,引出介电常数和磁导率的概念;
详细讨论了介电常数色散特性的物理机制;扩展介绍了各向异性、多极
矩、非局部性和空间色散等宏观媒质介电特性。

2.1　物质的极化和磁化现象

介质在电磁场的作用下,其内部电荷的运动主要有极化、磁化和传导这三种状态。导电介质的传导特性 $J = \sigma E$。不同于导体,介质内部没有大量的自由电荷,因此在电介质中,电荷的传导特性并不显著。电子被束缚在原子核周围,称为束缚电荷,本节着重分析介质的极化和磁化以及介质中电磁场的性质。

事实上,所有介质都是由带正电和负电的粒子组成的。介质的存在相当于真空中有大量的带电粒子。在宏观电磁场的作用下,介质内部带电粒子的分布要发生变化,从而可能产生介质中电荷分布的不平衡,即出现宏观的附加电荷和电流。这些附加的电荷和电流也要激发电磁场,使原来的宏观电磁场发生改变。本书所要研究的就是介质中可能出现哪些附加电荷和电流以及它们对电磁场的影响。

2.1.1　介质的极化

在外加电场的作用下,介质分子和原子的正负电荷由于受到方向相反的力的作用,因此正负电荷中心会有一微小位移。其宏观效应可用正负电荷间的相对小位移来表示,这就相当于产生了电偶极矩(dipole moment)。电偶极矩模型如图 2.1 所示,图中带电量 Q 相等、符号相反的两个点电荷产生了相对位移 L,方向规定为由负电荷指向正电荷方向,该系统的电偶极矩即为 p,且 $p = QL$,这就是介质的极化(dielectric polarization)。

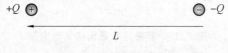

图 2.1　电偶极矩模型

介质极化有三种不同的类型:第一种是组成原子的电子云在电场作用下相对于原子核发生位移,称为原子极化,单原子晶体电子极化的示意图如图 2.2 所示,在外加电场的作用下,原来重合的原子核(正电荷)与电子云(负电荷)等效中心发生相对位移,从而构成了电偶极子,产生了电偶极矩;第二种是分子由正负离子组成,在电场作用下正负离子从其平衡位置发生位移,称为离子极化;第三种是分子具有固有电矩,但因热运动分子的电矩凌乱排列而使合成电矩为零,在电场作用下分子的电矩向电场方向转动而产生合成电矩,称为取向极化,有极分子取向极化示意图如图 2.3 所示,图中为典型的有极分子,即水分子,在外加电场的作用下,取向杂乱无章的固有电偶极矩发生偏转,从而产生宏观电偶极矩。单原子的介质只有电子极化,所有化合物都存在离子极化和电子极化,某些具有固有电矩的化合物分子同时存在三种极化。

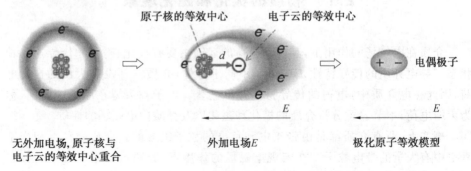

原子核的等效中心　　　电子云的等效中心

电偶极子

E　　　　　　　E

无外加电场,原子核与　　　　外加电场E　　　　极化原子等效模型
电子云的等效中心重合

图 2.2　单原子晶体电子极化的示意图

外加场E

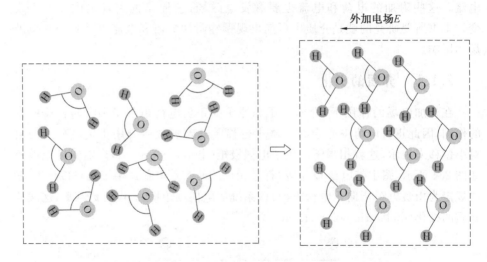

图 2.3　有极分子取向极化示意图

这里简单归纳介质极化的机理。在外加电场的作用下,微观上,介质中将产生新的电偶极矩或固有电偶极矩发生偏转,这些微观的变化将产生一个宏观的电偶极矩,这一现象就称为介质的极化。

1. 极化强度

介质的极化状态用极化强度矢量 $\boldsymbol{P}$ 表示,定义是介质中某点单位体积内的总电偶极矩。设介质中某点体积元 ΔV 内的总电偶极矩为 $\sum \boldsymbol{p}$,则

$$\boldsymbol{P} = \lim_{\Delta V \to 0} \frac{\sum \boldsymbol{p}}{\Delta V} \tag{2.1}$$

它等于该点分子的平均电偶极矩 $\boldsymbol{P}_0$ 与分子密度 N 的乘积,即

$$P = NP_0 \tag{2.2}$$

式中，P 的单位是 C/m^2。通常，极化强度是空间和时间坐标的函数。如果介质内各点处的 P 均相同，则此介质处于均匀极化状态。

2. 极化电荷（束缚电荷）

由于介质极化，体积 V 内的正、负电荷可能不完全抵消，因此出现净的正电荷或负电荷，即出现宏观电荷分布，称为极化电荷或束缚电荷。而介质极化对电场的影响就取决于这些极化电荷的分布。极化电荷与极化强度之间的关系如下面给出的方程，即

$$\boldsymbol{\rho}_p = -\nabla \cdot \boldsymbol{P} \tag{2.3}$$

介质均匀极化时，P 为常矢，$\nabla \cdot \boldsymbol{P} = 0$，介质内就不存在极化体电荷分布，极化电荷只出现在介质的分界面上，称为极化面电荷，记作 $\boldsymbol{\rho}_{sp}$。极化面电荷与分界面两侧极化强度 $\boldsymbol{P}_1$ 和 $\boldsymbol{P}_2$ 的关系由下列方程给出，即（$\boldsymbol{n}$ 为分界面法向单位矢量）

$$\rho_{sp} = -\boldsymbol{n} \cdot (\boldsymbol{P}_1 - \boldsymbol{P}_2) \tag{2.4}$$

3. 介质中静电场的基本方程

由上面的分析可见，外加电场使介质极化而产生极化电荷分布，而这些极化电荷会激发电场，因此会改变原来电场的分布，介质极化所产生的宏观电偶极矩对空间外加电场的影响如图 2.4 所示，发生极化的介质内部存在大量电偶极子，相邻电偶极子之间的正负电荷相互抵消，只有在介质边界处会出现净余电荷。因此，介质对电场的影响可归结为极化电荷所产生的影响。换句话说，在计算电场时，如果考虑了介质表面或体内的极化电荷，原来介质所占的空间可视为真空。介质中的电场就由两部分叠加而成：极化电荷产生的电场和自由电荷产生的外电场。因此，只需要将真空中的高斯定理式中的 $\mathrm{div}\boldsymbol{E} = \rho$ 换成 $\rho + \rho_p$，即可得到介质中的高斯定理的微分形式，即

$$\nabla \cdot \boldsymbol{E} = \frac{\rho + \rho_p}{\varepsilon_0} \tag{2.5}$$

式中，E 为电场强度矢量；ρ 为自由电荷体密度。

将式（2.3）代入式（2.5）可得

$$\nabla \cdot (\varepsilon_0 \boldsymbol{E} + \boldsymbol{P}) = \rho \tag{2.6}$$

此处，为了描述方便，定义电位移矢量为

$$\boldsymbol{D} = \varepsilon_0 \boldsymbol{E} + \boldsymbol{P} \tag{2.7}$$

式（2.7）变为

$$\nabla \cdot \boldsymbol{D} = \rho \tag{2.8}$$

式（2.8）即为介质中高斯定理的微分形式，它表明介质中任一点的电位移矢量 $\boldsymbol{D}$ 的散度等于该点的自由电荷体密度 ρ。$\boldsymbol{D}$ 的源是自由电荷，$\boldsymbol{D}$ 的力线的起点和终

点都在自由电荷上;而 E 的力线的起点和终点既可以是自由电荷,也可以是极化电荷。

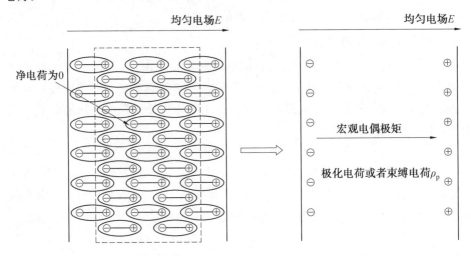

图 2.4　介质极化所产生的宏观电偶极矩对空间外加电场的影响

需要强调的是,引入电位移矢量 D 的目的有两点。首先,需要简化介质中基本方程的表达;其次,由于 D 只与自由电荷相关,因此可以将其作为辅助计算量引入,达到方便计算介质内的电场和极化强度的目的。由于 D 的通量只与自由电荷有关,因此对某些对称分布情形可由 q 直接求出 D,若能再设法找出 D 与 E 之间的联系,则可在求电场 E 时避免求极化电荷的困难。但是,电位移矢量 D 并不代表介质中的总场。

将式(2.8)两端在体积 V 内积分,并应用高斯散度定理,可得

$$\oint_S \boldsymbol{D} \cdot \mathrm{d}s = q \qquad (2.9)$$

这就是介质中高斯定理的积分形式,它表明 D 穿出任一闭合面的通量等于该闭合面内自由电荷的代数和,D 的单位是 $\mathrm{C/m^2}$。

实验表明,各种介质材料有不同的电磁特性,D 与 E 之间的关系也有多种形式。对于线性、各向同性介质(实际遇到的大多是这种介质),极化强度 P 和电场强度 E 之间存在简单的线性关系,即

$$\boldsymbol{P} = \varepsilon_0 X_e \boldsymbol{E} \qquad (2.10)$$

式中,X_e 称为介质的极化率,是一个无量纲的纯数。

将式(2.10)代入式(2.7)得

$$\boldsymbol{D} = (1 + X_e)\varepsilon_0 \boldsymbol{E} = \varepsilon_r \varepsilon_0 \boldsymbol{E} = \varepsilon \boldsymbol{E} \qquad (2.11)$$

式中

$$\begin{cases} \varepsilon_r = 1 + X_e \\ \varepsilon = \varepsilon_r \varepsilon_0 \end{cases} \qquad (2.12)$$

式中, ε_r 和 ε 分别称为介质的相对介电常数和介电常数,是表示介质性质的物理量, ε_r 为无量纲纯数, ε 和 ε_0 的单位相同。在均匀介质中, ε 是常数;在非均匀介质中, ε 是空间坐标的函数。

对于各向异性等极化特性更为复杂的介质,一般来说 **D** 与 **E** 的方向不同,介电常数也不再为常数,而是一个二阶张量(三阶方阵)。从这点可以看出,介电常数 dielectric constant 的定义其实并不那么准确,而应使用 permittivity 这一专业词汇。不过因为习惯,所以仍沿用"介电常数"来表征电介质的储电能力。

2.1.2　介质的磁化

物质中的带电粒子总是处于永恒的运动之中,包括电子的自旋、电子绕核的轨道运动和原子核的自旋等。在一般分析中,核自旋的作用很小,可忽略不计。这些带电粒子的运动从电磁学的角度可以等效为一个小的环电流,称为分子电流,分子电流可用一磁偶极矩 $\boldsymbol{p}_m$ 来描述,其定义为

$$\boldsymbol{p}_m = i\boldsymbol{s} \qquad (2.13)$$

式中, i 为等效分子电流强度; $\boldsymbol{s}$ 的大小为分子电流所包括的面积,其方向与电流 i 成右手螺旋关系,习惯上也称它为分子磁矩。没有外磁场时,这些分子磁矩的取向是杂乱无章的,对外并不呈现宏观的结果。当有外磁场作用时,这些分子磁矩将按一定方向排列而呈现宏观的磁效应,这种现象称作介质的磁化。一个取向排列了的分子电流会引起宏观电流分布从而激发宏观磁场,从而改变原来的磁场分布。因此,介质中的磁场由两部分组成,即由自由电流产生的外磁场和所有分子电流产生的磁场叠加而成。

1. 磁化强度

介质的磁化状态用磁化强度矢量 **M** 表示,其定义是介质中某点单位体积内的总磁偶极矩。设介质中某点体积元 ΔV 内的总磁偶极矩为 $\sum \boldsymbol{p}_m$,则

$$\boldsymbol{M} = \lim_{\Delta V \to 0} \frac{\sum \boldsymbol{p}_m}{\Delta V} \qquad (2.14)$$

它等于该点分子的平均磁矩 $\boldsymbol{p}_{m0}$ 与分子密度 N 的乘积,即

$$\boldsymbol{M} = N\boldsymbol{p}_{m0} \qquad (2.15)$$

式中, **M** 的单位是 A/m。一般情况下, **M** 是空间和时间坐标的函数。如果介质内各点处的 **M** 均相同,则此介质处于均匀磁化状态。

2. 磁化电流

介质磁化引起的宏观电流称为磁化电流,记为 $\boldsymbol{I}_m$ 。与之相关,将磁化电流体

密度记作 $\boldsymbol{J}_{\mathrm{m}}$，介质磁化对磁场的影响就取决于这些磁化电流的分布。磁化电流体密度 $\boldsymbol{J}_{\mathrm{m}}$ 与磁化强度 $\boldsymbol{M}$ 之间的关系为

$$\boldsymbol{J}_{\mathrm{m}} = \nabla \times \boldsymbol{M} \tag{2.16}$$

介质均匀磁化时，$\boldsymbol{M}$ 为常矢，$\mathrm{curl}\boldsymbol{M} = 0$，介质内就不存在磁化体电流分布，磁化电流只出现在介质的分界面上，称为磁化面电流密度 $\boldsymbol{J}_{\mathrm{sm}}$，且

$$\boldsymbol{J}_{\mathrm{sm}} = \boldsymbol{n} \times (\boldsymbol{M}_1 - \boldsymbol{M}_2) \tag{2.17}$$

式中，$\boldsymbol{n}$ 为分界面法向单位矢量。

式(2.17)给出了磁化面电流密度矢量与分界面两侧磁化强度之间的关系。

如果介质 1 为真空，即 $\boldsymbol{M}_1 = 0$，则式(2.17)变为

$$\boldsymbol{J}_{\mathrm{sm}} = -\boldsymbol{n} \times \boldsymbol{M} = \boldsymbol{M} \times \boldsymbol{n} \tag{2.18}$$

3. 介质中稳恒磁场的基本方程

根据前面的分析，介质中的磁场由自由电流产生的磁场和磁化电流产生的磁场叠加而成。在计算磁场时，如果考虑了介质表面或内部的磁化电流，则原来介质所占的空间可视为真空。因此，只要将真空中安培环路定理式 $\mathrm{curl}\boldsymbol{B} = \boldsymbol{J}$ 中的 $\boldsymbol{J}$ 换成 $\boldsymbol{J} + \boldsymbol{J}_{\mathrm{m}}$，便可得到介质中安培环路的定理的微分形式，即

$$\nabla \times \boldsymbol{B} = \mu_0 (\boldsymbol{J} + \boldsymbol{J}_{\mathrm{m}}) \tag{2.19}$$

式中，$\boldsymbol{B}$ 为磁感应强度矢量；$\boldsymbol{J}$ 为传导电流体密度矢量。

将式(2.16)代入式(2.19)中可得

$$\nabla \times \left(\frac{\boldsymbol{B}}{\mu_0} - \boldsymbol{M} \right) = \boldsymbol{J} \tag{2.20}$$

为了计算方便，定义磁场强度矢量为

$$\boldsymbol{H} = \frac{\boldsymbol{B}}{\mu_0} - \boldsymbol{M} \tag{2.21}$$

则有

$$\nabla \times \boldsymbol{H} = \boldsymbol{J} \tag{2.22}$$

式(2.22)称为介质中安培环路定理的微分形式，它表明介质中任一点的磁场强度 $\boldsymbol{H}$ 的旋度等于该点的自由电流体密度 $\boldsymbol{J}$。磁场强度的涡旋源是自由电流，而磁感应强度的涡旋源是自由电流和磁化电流。

将式(2.22)两端取面积分，并应用斯托克斯定理，可得

$$\oint_C \boldsymbol{H} \cdot \mathrm{d}\boldsymbol{l} = \int_S \boldsymbol{J} \cdot \mathrm{d}\boldsymbol{s} = \boldsymbol{I} \tag{2.23}$$

这就是介质中安培环路定理的积分形式，它表明磁场强度沿任一闭合路径的环流等于闭合路径包围的自由电流的代数和，与 C 的环绕方向成右手螺旋关系的电流取正值，反之取负值，$\boldsymbol{H}$ 的单位是 A/m。

$\boldsymbol{H}$ 与 $\boldsymbol{D}$ 一样是为了计算方便而引入的量，并不代表介质内的总场，而 $\boldsymbol{B}$ 是介

质内的总场强,是基本物理量,但由于历史习惯,因此把 H 称为磁场强度。引入 H 后,其旋度仅由自由电流 J 决定,而与磁化电流密度 J_m 无关,从而避免了计算 J_m 的困难。但为了求出磁场 B,还需给出 H 与 B 之间的关系。

实验指出,除铁磁性物质外的其他线性各向同性介质,M 与 H 间呈线性关系,即

$$M = X_m H \tag{2.24}$$

式中,X_m 称为介质磁化率,是一个无量纲的纯数。

将式(2.24)代入式(2.21)得

$$B = \mu_0(1 + X_m)H = \mu_0\mu_r H = \mu H \tag{2.25}$$

式中

$$\begin{cases} \mu_r = (1 + X_m) \\ \mu = \mu_0\mu_r \end{cases} \tag{2.26}$$

式中,μ_r 和 μ 分别称为介质的相对磁导率和磁导率,均为表征介质性质的物理量,μ_r 是无纲量的纯数,μ 的单位与 μ_0 相同。

按照 μ_r 取值的不同,将磁介质分为三类。将受到轻微吸引力的物质称为顺磁体,对于顺磁性物质,如铝、铜等金属,$X_m > 0$ 且 $\mu_r > 1$。将受到轻微推斥力的物质称为抗磁体,对于抗磁性物质,如所有有机化合物和大部分无机化合物,$X_m < 0$ 且 $\mu_r < 1$,在真空中 $X_m = 0$ 且 $\mu_r = 1$。所有顺磁性物质和抗磁性物质的 $X_m \approx 0$ 且 $\mu_r \approx \mu_0$,说明这些物质对磁场的影响很小。将铁、钴、镍等金属称为铁磁性物质,它们的 B 与 H 之间不满足线性关系,μ 不是常数,而是 H 的函数,并且与其原来的磁化状态有关。铁磁性物质的磁化强度比顺磁性物质和抗磁性物质要大若干数量级,即 μ_r 很大。在外磁场停止作用后,铁磁性物质仍能保留部分磁性,可制成永磁体。

2.2　复介电常数及其色散

2.2.1　位移电流

可以将电磁学中经典的基本实验定律归纳为

$$\nabla \cdot D = \rho \tag{2.27}$$

$$\nabla \times E = -\frac{\partial B}{\partial t} \tag{2.28}$$

$$\nabla \cdot B = 0 \tag{2.29}$$

$$\nabla \times H = J \tag{2.30}$$

$$\nabla \cdot \boldsymbol{J} = -\frac{\partial \rho}{\partial t} \qquad (2.31)$$

其中,式(2.27)、式(2.29)和式(2.30)为静态场的基本方程,式(2.31)是由电流连续性定理得到的电流连续性方程,式(2.28)为著名的法拉第电磁感应定律。麦克斯韦正是从上述电磁场方程出发,考虑到时间这一因素,进行符合逻辑的分析,提出科学的假设,引入位移电流的概念,最终获得时变电磁场的基本方程,揭示了电场和磁场之间以及场与场源之间相互联系的普遍规律。

式(2.27)是从静场中得到的,反映了 $\boldsymbol{D}$ 线与电荷间的定量关系,在时变场情形下,实验和理论分析都没有发现不合理的地方,可以将其推广到普遍时变情形。对于式(2.29),可从适用于时变情况的法拉第电磁感应定律推得,对式(2.28)两边取散度,有

$$0 \equiv \nabla \cdot (\nabla \times \boldsymbol{E}) = -\nabla \cdot \frac{\partial \boldsymbol{B}}{\partial t} = -\frac{\partial \nabla \cdot \boldsymbol{B}}{\partial t} \qquad (2.32)$$

得到式(2.29)成立。而电流连续性定理对一般时变场仍然有效,式(2.31)对于一般时变场自然成立。

最后考查式(2.30),该方程是在稳恒情形下导出的,对其两端取散度,有

$$\nabla \cdot \boldsymbol{J} = \nabla \cdot (\nabla \times \boldsymbol{H}) \equiv 0 \qquad (2.33)$$

但在普遍情形下成立的电流连续性方程即式(2.31)说明,在非稳恒电流情形下,$\nabla \cdot \boldsymbol{J} \neq 0$。因此,将安培环路定理推广到时变场中会与电流连续性方程产生矛盾。麦克斯韦首先指出了矛盾,并对静态场中的安培环路定理式(2.30)进行了巧妙的修正。

麦克斯韦将式(2.27)与式(2.31)合并,则有

$$\nabla \cdot \boldsymbol{J} + \frac{\partial \rho}{\partial t} = \nabla \cdot \left(\boldsymbol{J} + \frac{\partial \boldsymbol{D}}{\partial t}\right) = 0 \qquad (2.34)$$

可见,只要用 $\boldsymbol{J} + \partial \boldsymbol{D}/\partial t$ 取代式(2.30)中的 $\boldsymbol{J}$,即

$$\nabla \times \boldsymbol{H} = \boldsymbol{J} + \frac{\partial \boldsymbol{D}}{\partial t} \qquad (2.35)$$

矛盾便迎刃而解。麦克斯韦将

$$\boldsymbol{J}_d = \frac{\partial \boldsymbol{D}}{\partial t} \qquad (2.36)$$

定义为位移电流密度矢量(displacement current density vector),它与自由电流密度矢量(conductive current density vector)具有相同的量纲,且具有相同的磁效应,它的引入是麦克斯韦做出的最杰出的贡献之一。在引入位移电流的基础上,麦克斯韦将描述宏观电磁现象的基本方程加以统一,得到了著名的麦克斯韦方程组(Maxwell equation)。另外,我们又将传导电流和位移电流的和 $\boldsymbol{J} + \partial \boldsymbol{D}/\partial t$ 称为全电流。

2.2.2　麦克斯韦方程组与本构关系

综上所述,描述宏观电磁运动规律的麦克斯韦方程组为

$$\nabla \times \boldsymbol{H} = \boldsymbol{J} + \frac{\partial \boldsymbol{D}}{\partial t} \tag{2.37}$$

$$\nabla \times \boldsymbol{E} = -\frac{\partial \boldsymbol{B}}{\partial t} \tag{2.38}$$

$$\nabla \cdot \boldsymbol{D} = \rho \tag{2.39}$$

$$\nabla \cdot \boldsymbol{B} = 0 \tag{2.40}$$

而电流连续性方程

$$\nabla \cdot \boldsymbol{J} = -\frac{\partial \rho}{\partial t} \tag{2.41}$$

可以从麦克斯韦方程组导出。事实上,上述 5 个方程中只有两个旋度方程和任一个散度方程是独立的,另外两个散度方程可由 3 个独立方程导出,因此是非独立方程。

麦克斯韦方程组中共有 5 个未知矢量($\boldsymbol{E}, \boldsymbol{D}, \boldsymbol{B}, \boldsymbol{H}, \boldsymbol{J}$)和一个未知标量 ρ,因此实际上有 16 个未知标量,而独立的标量方程仅 7 个,所以还必须补充另外几个独立的标量方程,这 9 个独立方程就是媒质的本构关系(constitutive relations)。

对静止的线性、均匀、各向同性媒质,其本构关系可表示为

$$\boldsymbol{D} = \varepsilon \boldsymbol{E}, \boldsymbol{B} = \mu \boldsymbol{H}, \boldsymbol{J} = \sigma \boldsymbol{E}$$

将高斯散度定理和斯托克斯定理应用于麦克斯韦方程组的微分形式,即可得到该方程组的积分形式,即

$$\oint_C \boldsymbol{H} \cdot \mathrm{d}\boldsymbol{l} = \int_s \left(\boldsymbol{J} + \frac{\partial \boldsymbol{D}}{\partial t} \right) \cdot \mathrm{d}\boldsymbol{s} \tag{2.42}$$

$$\oint_C \boldsymbol{E} \cdot \mathrm{d}\boldsymbol{l} = -\int_s \frac{\partial \boldsymbol{B}}{\partial t} \cdot \mathrm{d}\boldsymbol{s} \tag{2.43}$$

$$\oint_s \boldsymbol{D} \cdot \mathrm{d}\boldsymbol{s} = \int_V \rho \, \mathrm{d}V \tag{2.44}$$

$$\oint_s \boldsymbol{B} \cdot \mathrm{d}\boldsymbol{s} = 0 \tag{2.45}$$

下面进一步阐述该方程组的物理意义。麦克斯韦方程组反映了电荷与电流激发电磁场以及电场与磁场相互转化的运动规律。电荷和电流可以激发电磁场,而且变化的电场与变化的磁场也可以互相激发。因此,只要在空间某处发生电磁扰动,电场与磁场互相激发,就会在紧邻的地方激发起电磁场,形成新的电磁扰动,新的扰动又在稍远一些的地方激发电磁场,如此继续下去形成电磁波的运动。由此可见,在不存在电荷与电流区域,电场与磁场可以通过本身的变化互相激发而运动传播,这也进一步揭示出电磁场的物质性。当麦克斯韦于 1873

年提出完整的电磁理论时,就预言了电磁波的存在,并指出光波也是一种电磁波。1888 年,赫兹的实验和近代无线电技术的广泛应用完全证实了麦克斯韦的预言及其方程组的正确性。

2.2.3 介电常数的频域色散及复介电常数

1. 复介电常数

在稳定状态下,各场量均随时间作简谐变化的电磁场称为时谐场或简谐场。时谐场在工程实际中具有广泛的应用,而且应用傅里叶变换或傅里叶级数,可以将任意时变场展开为连续频谱(对非周期函数)或离散频谱(对周期函数)的简谐分量。因此,简化时谐场的计算方法具有普遍意义。

在时变电磁场中,如果场源(电荷或电流)以一定的角频率 ω 随时间作简谐变化,则它所激发的电磁场的每一个坐标分量都可以以相同的角频率 ω 随时间作简谐变化。时谐场条件下,麦克斯韦方程组形式为

$$\nabla \times \boldsymbol{H} = \boldsymbol{J} + \mathrm{j}\omega \boldsymbol{D} \tag{2.46}$$

$$\nabla \times \boldsymbol{E} = -\mathrm{j}\omega \boldsymbol{B} \tag{2.47}$$

$$\nabla \cdot \boldsymbol{D} = \rho \tag{2.48}$$

$$\nabla \cdot \boldsymbol{B} = 0 \tag{2.49}$$

在静态场情况下,媒质的电磁特性参数 ε、μ 和 σ 均为常数且与频率无关。但在时谐场中,媒质的电磁参数要发生变化,且与频率有关。下面简要分析媒质在时谐场中的特性。

媒质是一种具有一定结构的宏观上显中性但微观上又带电的体系。在有电磁场存在的情形下,媒质中的微观带电粒子与场相互作用而表现出极化、磁化和传导特性。在时谐场中,发生极化、磁化、定向运动时,粒子的惯性是不能忽略的,因此即使是均匀媒质,它的 ε、μ、σ 也是频率的函数,即 $\varepsilon = \varepsilon(\omega)$,$\mu = \mu(\omega)$,$\sigma = \sigma(\omega)$。但当频率较低时,带电粒子在场的作用下强迫振动,属于同步振动,媒质的极化、磁化和粒子的运动没有滞后现象,因此 ε、μ、σ 仍为常量,并与静态场中所测得的数据相同。当频率升高时,由于带电粒子的惯性,因此在高频场的作用下粒子的运动跟不上场的变化,产生滞后效应,ε、μ、σ 就不再是实数,而变为复数,甚至当频率高达(或接近)物质的固有振动频率时,将发生共振现象。此时,粒子从电磁场中攫取能量,作单色散射。

媒质的电磁参数随频率的变化而变化的现象称为媒质色散。在色散媒质中,介电常数和磁导率均变为复数,即

$$\bar{\varepsilon} = \varepsilon' - \mathrm{j}\varepsilon'' \tag{2.50}$$

$$\bar{\mu} = \mu' - \mathrm{j}\mu'' \tag{2.51}$$

式中,实部 ε' 和 μ' 分别代表媒质的极化和磁化;而虚部 ε'' 和 μ'' 则分别代表由粒子滞后效应引起的介电损耗和磁滞损耗。不过,滞后效应仅对介电常数影响较大,一般非铁磁性物质的磁导率仍为实数。对于良导体中自由电子的惯性,即使在红外频谱也可忽略,因此可以认为电导率 σ 与 ω 无关,均等于在稳恒场中的值。

对于具有复介电常数的介质,复数形式的麦克斯韦方程组中 $\boldsymbol{H}$ 的旋度方程变为

$$\nabla \times \boldsymbol{H} = \sigma \boldsymbol{E} + \mathrm{j}\omega(\varepsilon' - \mathrm{j}\varepsilon'')\boldsymbol{E}$$
$$= \mathrm{j}\omega\left(\varepsilon' - \mathrm{j}\frac{\sigma + \omega\varepsilon''}{\omega}\right)\boldsymbol{E} \qquad (2.52)$$
$$= \mathrm{j}\omega\varepsilon_{\mathrm{f}}\boldsymbol{E}$$

式中

$$\varepsilon_{\mathrm{f}} = \varepsilon' - \mathrm{j}\frac{\sigma + \omega\varepsilon''}{\omega} \qquad (2.53)$$

称为等效复介电常数。引入等效复介电常数可以将传导电流和位移电流用一个等效位移电流代替,而可以把导电媒质也视为一种等效的电介质,从而使包括导电媒质在内的所有各向同性媒质均可采用同样的方法研究。

下面再来说明等效复介电常数的含义。观察

$$\nabla \times \boldsymbol{H} = \sigma \boldsymbol{E} + \omega\varepsilon''\boldsymbol{E} + \mathrm{j}\omega\varepsilon'\boldsymbol{E} \qquad (2.54)$$

式中,含 σ 项相应于传导电流,产生焦耳热损耗;含 ε'' 项可称为电滞损耗电流,产生介电损耗;含 ε' 项相应于媒质中的位移电流,是无功流,反映介质的极化特性。传导电流和电滞损耗电流均为有功电流。

通常取有功电流对无功电流的比值

$$\tan\delta = \frac{\sigma + \omega\varepsilon''}{\omega\varepsilon'} \qquad (2.55)$$

表示电介质的损耗,称为电介质的损耗角正切,δ 称为电介质的损耗角。对高频绝缘材料,$\sigma \approx 0$,则有

$$\tan\delta = \frac{\varepsilon''}{\varepsilon'} \qquad (2.56)$$

良好介质的损耗角正切在 10^{-3} 或 10^{-4} 以下。

2. 频域色散

在外加电场的作用下,微观上,介质中将产生新的电偶极矩或固有电偶极矩发生偏转,这些微观的变化将产生一个宏观的电偶极矩,称为介质的极化。那么,当外加电场随着一定的频率呈简谐变化(time harmonic) 时,极化过程不可能瞬间完成。因此,相对于激励源外加电场的变化,介质的极化一定会存在滞

后。对于分子的取向极化,固有的电偶极矩从感受到外加电场作用发生偏转开始到最终取向与外加电场方向一致需要耗费一定的时间,这一时间不可忽略,称为弛豫时间(relaxation time),对应弛豫频率(relaxation frequency)。当频率较低时,外加电场的变化速率较慢,分子有足够的时间完成取向极化,进而不会产生很强的介电损耗。但随着频率的增加并逐渐接近分子取向极化弛豫频率,在分子没有完成单次取向极化时,电场已反向,分子被迫向相反方向偏转,这样势必会造成能量损失,且在电场变化频率达到弛豫频率时,能量损失达到峰值。水的相对介电常数的实部和虚部随频率变化的曲线如图 2.5 所示,体现为描述介电损耗的介电常数虚部随频率升高而增加并在 10 GHz 左右达到峰值。当频率进一步上升时,由于电场的变化速率远大于分子取向极化的速率,因此分子对外加电场的响应逐渐迟滞,介电常数的虚部也随之减小。极化过程并没有停止,淹没在分子取向极化中的原子极化开始发挥作用,所以介电常数的实部才不等于 1。但当频率足够高时,与分子取向极化对于外加电场的响应类似,原子极化也会对外加电场逐渐迟滞,体现为介电常数的虚部出现另外两个峰值。需要注意的是,与分子极化弛豫色散机制不同,原子极化体现为原子和分子谐振式色散机制(图2.5)。最终,介质的相对介电常数实部趋于 1,虚部归于 0。另外,如图 2.5 所示,其中第一个谐振频点(10 GHz 附近)表征水分子的取向极化弛豫色散机制(molecular relaxation dispersion mechanism);第二个谐振频点(13 GHz 附近)表征水分子中相应的原子谐振色散机制(atomic resonance dispersion mechanism);第三个谐振频点(16 GHz 附近)表征相应的电子谐振色散机制(electronic resonance dispersion mechanism)。该曲线定性地描述水分子在不同频段的色散曲线。我们利用 Debye 和 Lorentz 复合模型对水的相对复介电常数的色散特性进行建模。如果介电常数实部随频率升高而变大,则称这种色散为正常色散(normal dispersion);相反,如果介电常数实部随频率升高而减小,则称这种色散为反常色散(anomalous dispersion)。

更为重要的一点是,如图 2.5 所示的介质相对介电常数实部和虚部的色散曲线并不是随机两条曲线的组合,这里要介绍 Kramers－Kronig 关系,即

$$\mathrm{Re}[\varepsilon(\omega)] = \varepsilon_\infty + \frac{2}{\pi} P \int_0^\infty \frac{\omega' \mathrm{Im}[\varepsilon(\omega')]}{\omega'^2 - \omega^2} \mathrm{d}\omega' \tag{2.57}$$

$$\mathrm{Im}[\varepsilon(\omega)] = -\frac{2\omega}{\pi} P \int_0^\infty \frac{\mathrm{Re}[\varepsilon(\omega')] - \varepsilon_\infty}{\omega'^2 - \omega^2} \mathrm{d}\omega' \tag{2.58}$$

式中,ε_∞ 代表频率为无穷大时介电常数的取值;ω 为角频率,rad/s;P 为积分主值(意在将奇点排除在积分之外)。

式(2.57)和式(2.58)即为 Kramers－Kronig 关系,该关系描述一切具有物理意义的物理量的实部与虚部之间的关系。也就是说,一个物理量的实部和虚

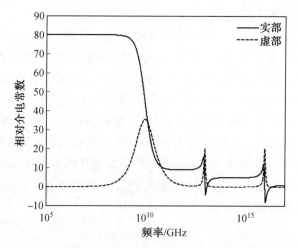

图 2.5　水的相对介电常数的实部和虚部随频率变化的曲线

部一定是相关的。当虚部为零时,实部的色散消失且取值为常数;当实部随频率变化而变化时,虚部一定不为零。这就是为什么在基本电磁理论的学习中会遇到这样的结论:如果媒质是色散的,那么媒质一定有耗,反之亦然。

2.2.4　按介电常数的媒质分类

在高频场中,为了区别不同的媒质特性,通常根据传导电流与位移电流的比值

$$\frac{|\sigma \boldsymbol{E}|}{|\mathrm{j}\omega\varepsilon'\boldsymbol{E}|} = \frac{\sigma}{\omega\varepsilon'} \tag{2.59}$$

对媒质进行分类。

(1)若 $\sigma/\omega\varepsilon' > 1$,即其中传导电流远大于位移电流的媒质称为良导体,则此时电滞损耗电流可忽略, $\varepsilon'' \approx 0$。当 σ 无穷大时,称为理想导体。

(2)若 $\sigma/\omega\varepsilon' \approx 1$,即传导电流和位移电流可比拟,哪一个都不能忽略的媒质称为半导体或半电介质,则此时 $\varepsilon'' \approx 0$。

(3)若 $\sigma/\omega\varepsilon' < 1$,即其中传导电流远小于位移电流的媒质,称为电介质(或绝缘介质)。 $\sigma=0$, $\varepsilon''=0$ 的介质称为理想介质; $\sigma=0$, $\varepsilon'' \ll \varepsilon'$ 的介质称为良介质; ε'' 与 ε' 相比不可忽略的介质称为不良介质。

可见,媒质的分类并没有绝对的界限。工程实用中通常取 $\sigma/\omega\varepsilon' \geqslant 100$ 时的媒质为良导体; $0.01 < \sigma/\omega\varepsilon' < 100$ 的媒质为半导体或半电介质; $\sigma/\omega\varepsilon' \leqslant 0.01$ 的媒质为电介质。

需要指出的是,在时谐场中,判断某种媒质是导体或电介质还是半导体,除了要考虑媒质本身的性质外,还必须同时考虑频率因素。同一媒质在不同频率

下可以是导体,也可以是电介质。

另外,还可以按照介电常数的特点对媒质进行分类。

(1)如果给定媒质的介电常数是空间位置的函数,则该媒质为非均匀媒质;如果给定媒质的介电常数对空间位置的导数为零,则该媒质为均匀媒质。

(2)如果给定媒质的介电常数沿不同观察方向的取值不同,则该媒质为各向异性媒质,此时介电常数不再是常数,而是二阶张量;相反,如果对于不同方向的外加电场激励,媒质的极化特性完全一致,则该媒质称为各向同性媒质。

(3)如果在不同外加电场的作用下,媒质的极化响应线性变化,则该媒质为线性媒质,此时介电常数与外加电场无关;相反,如果介电常数随着外加电场变化而改变,则该媒质称为非线性媒质。

2.3　高阶极化机制

前面介绍的极化机制,无论是分子弛豫色散机制、原子谐振色散机制还是电子谐振色散机制,都是低阶色散机制,即只针对线性、各向同性、均匀的媒质。但是现实生活中的实际媒质对于外部电磁场的响应往往更加复杂。由于后续的章节会涉及一些混合物的高阶极化机制,因此在本节对这方面的知识加以介绍。

2.3.1　各向异性及多极矩

1.各向异性

如前所述,各向异性意味着媒质的极化特性会随着外加电场方向的变化发生改变,这就意味着介电常数也表示为一阶张量或者三阶方阵的形式,即

$$\bar{\bar{\varepsilon}} = \begin{bmatrix} \varepsilon_{xx} & \varepsilon_{xy} & \varepsilon_{xz} \\ \varepsilon_{yx} & \varepsilon_{yy} & \varepsilon_{yz} \\ \varepsilon_{zx} & \varepsilon_{xy} & \varepsilon_{zz} \end{bmatrix} \tag{2.60}$$

对于各向异性媒质,电介质的本构关系式(2.11)依然成立。在已知外加电场 E 的前提下,要想计算电位移矢量 D,就必须将 E 在直角坐标系下分解,然后通过矩阵运算得到 D。

媒质的各向异性或者介电常数形如式(2.60)所示的原因在于媒质的介观(mesoscopic 或者 mesoscopy)结构几何特征的不对称性。介观是指介于宏观和微观的中间尺寸。在这个尺寸范围内,许多物理现象无法单独用经典电动力学或者量子力学的知识来圆满解释。如图 2.6 所示为含有介观尺寸椭球型内含物的各向异性介质混合物切面图,其中介观尺寸的椭球形内含物(inclusion)取向

一致,且内含物的尺寸远大于分子和原子的尺寸。由于介观内含物几何上的不对称性,因此 x 方向的介电常数不等于 y 方向的介电常数。

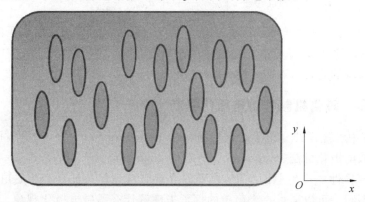

图 2.6　含有介观尺寸椭球型内含物的各向异性介质混合物切面图

2. 多极矩

电中性的介质对于静电场的主要响应形式是电偶极子。换句话说,在介质中,静电场能量主要储存在电偶极子中。然而,电偶极子并不能完全描述在任何外加电场作用下介质所发生的极化过程。极化电荷还可以形成高阶极子,并以高阶极矩的形式储存电场能量。球形内含物在不同频率外加电场的作用下产生的不同极化响应如图 2.7 所示,图中形象地给出了电偶极子和四阶极子(二阶电偶极子)的示意图。

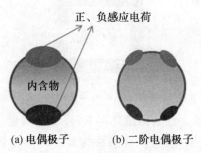

(a) 电偶极子　　　(b) 二阶电偶极子

图 2.7　球形内含物在不同频率外加电场的作用下
产生的不同极化响应

也可以这样来理解多极矩的作用:式(2.11)给出的电介质本构关系体现了偶极子对于极化过程的贡献,或者说偶极子中储存的电场能量。用介电常数 ε 来联系电场强度 E 和电位移矢量 D。当外加电场作用于介质混合物时,由于内部电场的不均一性和介质的不均匀性,因此多极子效应不能被忽略,式(2.11)不再能完整的描述极化过程。可以将混合物内某处的电位移矢量 D 在该点附近展成电场强度 E 的泰勒级数,该级数各项的系数分别表征多极子对于极化过程的贡

献,即

$$D(r) = \varepsilon E(r) + a_{quad}\frac{\partial E(r)}{\partial r} + a_{cubic}\frac{\partial^2 E(r)}{\partial r^2} + \cdots \tag{2.61}$$

式中,第一项的系数 ε 为介电常数;一阶导数项的系数 a_{quad} 代表二阶极子的贡献;二阶导数项的系数 a_{cubic} 代表三阶极子的贡献。

需要强调的是,式(2.61)并不是严格的表达式。

2.3.2 磁化机制和磁电极化机制

2.1 节中已经详细介绍了磁化机制(magnetic polarization),这里不再赘述,重点讨论磁电极化机制(magnetoelectric mechanism)。

与各向异性的产生原因类似,媒质的介观结构几何特征是产生磁电极化现象的根本原因。可以通过一个简单的例子来理解什么是磁电极化现象。磁电极化机制的示意图如图 2.8 所示,混合物含有"C 型"内含物。当沿 x 方向传播的均匀平面波与混合物相互作用时,沿 y 方向的电场会在"C 型"内含物的侧壁激励出感应电流,由于结构的特点,因此感应电流会形成图中虚线所示的电流,进而激励出 $-z$ 方向的感应磁场。从上述例子中可以归纳出,所谓的磁电极化机制,是指在外加电场的作用下,由于媒质介观结构的特点,因此媒质不仅体现出宏观的电极化现象,还体现出磁极化特性。在后续章节的准动态均一化过程中,有时需要考虑磁化机制和磁电极化机制以便更加妥善地完成均一化。

图 2.8 磁电极化机制的示意图

另外,不仅外加电场会激励出磁化现象,外加磁场也会激发出极化现象。如果上述两种现象同时发生,则将该媒质称为双各向异性媒质。在后续的章节中会对该媒质特性做详细的分析和描述。

2.3.3 非局部性和空间色散

本小节所讨论的非局部性(non-locality)是均一化过程中的一大障碍,尤其对于准动态或者动态均一化过程来讲,更是严峻的挑战。为了更好地帮助读者理解这一生僻的概念,我们首先回顾均匀平面波的一般形式和经常用于时域频域变换的傅里叶变换(Fourier transformation)。

沿任意方向 a_n 传播的均匀平面波的一般复数形式为

$$E(\omega, r) = E_0 e^{-j a_n k \cdot r} = E_0 e^{-j k \cdot r} \tag{2.62}$$

对应的时域形式为

$$E(t, r) = E_0 \cos(\omega t - a_n k \cdot r) = E_0 \cos(\omega t - k \cdot r) \tag{2.63}$$

可以应用傅里叶变换完成平面电磁波时域表达式和频域表达式的相互变换。

　　另外，前面已经介绍过，介质需要一定的时间来响应外加时变电磁场的作用。这样的结果就是，某一时刻介质的响应不仅与该时刻外加电场值有关，还与该时刻之前一段时间内的外加电场值有关。而这一时域现象通过傅里叶变换就转化为电磁特性参数（比如介电常数）在频域的色散特性，记为 $\varepsilon(\omega)$。

　　但是，通过观察式(2.62)和式(2.63)发现，电磁波不仅是频率或者时间的函数，而且是空间位置的函数。上述傅里叶变换只完成了对时间或者频率的操作，而忽略了另一个变量，即空间位置的信息。换句话说，上述傅里叶变换只完成了空间某点处电磁信号的时频域转换。那么，对电磁波的空间位置变量进行傅里叶变换会产生怎样的效应呢？由于电磁波的时间和空间变量是相对独立的，而从电磁波的一般表达式(2.62)和式(2.63)看，它们总是对称的出现，因此有理由做出如下的类比：时域变量 t 与空间变量 r 相对应。而与介质需要时间完成对外加时变电磁场的响应这一现象，就对应着空间某点的电磁响应不仅与该点处的电场值有关，还与该点附近区域的电场值有关。经由傅里叶变换，频域色散（temporal dispersion）就对应着所谓的空间色散（spatial dispersion），而非局域性（non-locality）即是空间色散产生的原因。由于时间变量与空间变量是相互独立的，因此频域色散和空间色散可以并存。当二者并存时，介电常数可记为 $\varepsilon(\omega, r)$。

本章参考文献

[1] MILTON G W. The theory of composites[M]. Cambridge:Cambridge University Press,2002.

[2] LANDAU L D,PITAEVSKII L P,LIFSHITZ E M. Electrodynamics of continuous media[M]. Oxford:Butterworth — Heinemann,1984.

[3] OLEINIK O A,SHAMAEV A S,YOSIFIAN G A. Mathematical Problems in Elasticity and Homogenization[M]. Amsterdam:North — Holland,1992.

[4] WEIGLHOFER W S,LAKHTAKIA A. Introduction to complex mediums for optics and electromagnetics[M]. Bellingham,WA:SPIE press,2003.

[5] JOANNOPOULOS J D,VILLENEUVE P R,FAN S. Photonic crystals[J]. Solid

State Communications,1997,102(2-3):165-173.

[6] CROENNE C,FABRE N,GAILLOT D P,et al. Bloch impedance in negative index photonic crystals[J]. Physical Review B,2008,77(12):125333.

[7] GALISTEO-LÓPEZ J F,GALLI M,PATRINI M,et al. Effective refractive index and group velocity determination of three-dimensional photonic crystals by means of white light interferometry[J]. Physical Review B,2006,73(12):125103.

[8] SCHWARTZ B T,PIESTUN R. Dynamic properties of photonic crystals and their effective refractive index[J]. JOSA B,2005,22(9):2018-2026.

[9] MOJAHEDI M,ELEFTHERIADES G V. Dispersion engineering:the use of abnormal velocities and negative index of refraction to control dispersive effects[M]//Negative refraction metamaterials:fundamental properties and applications. IEEE Press-Wiley Interscience,2005:381-411.

[10] MAGNUSSON R,SHOKOOH-SAREMI M,WANG X. Dispersion engineering with leaky-mode resonant photonic lattices[J]. Optics Express,2010,18(1):108-116.

[11] GARNETT J C M. XII. Colours in metal glasses and in metallic films[J]. Philosophical Transactions of the Royal Society of London. Series A,Containing Papers of a Mathematical or Physical Character,1904,203(359-371):385-420.

[12] VESELAGO V G. The electrodynamics of substances with simultaneously negative values of ε and μ[J]. Physics-Uspekhi,1968,10(4):509-514.

[13] PENDRY J B. Negative refraction[J]. Contemporary Physics,2004,45(3):191-202.

[14] SHELBY R A,SMITH D R,SCHULTZ S. Experimental verification of a negative index of refraction[J]. Science,2001,292(5514):77-79.

[15] KOSCHNY T,MARKOŠ P,SMITH D R,et al. Resonant and antiresonant frequency dependence of the effective parameters of metamaterials[J]. Physical Review E,2003,68(6):065602.

[16] DEPINE R A,LAKHTAKIA A. Comment I on:Resonant and antiresonant frequency dependence of the effective parameters of metamaterials by T. Koschny et al[J]. Physical Review. E,Statistical,Nonlinear,and Soft Matter Physics,2004,70(4):048601. 1-048601. 1.

[17] EFROS A L. Comment II on:Resonant and antiresonant frequency dependence of the effective parameters of metamaterials[J]. Physical Review E,2004,70(4):048602.

[18] KOSCHNY T,MARKOŠ P,SMITH D R,et al. Reply to Comments on "Resonant and antiresonant frequency dependence of the effective parameters of

metamaterials"[J]. Physical Review E,2004,70(4):048603.

[19] YANG T C,YANG Y H,YEN T. An anisotropic negative refractive index medium operated at multiple-angle incidences[J]. Optics express,2009, 17(26):24189-24197.

[20] RAYLEIGH L L. On the influence of obstacles arranged in rectangular order upon the properties of a medium[J]. The London,Edinburgh,and Dublin Philosophical Magazine and Journal of Science,1892,34(211):481-502.

[21] JACKSON J D. Classical electrodynamics[J]. American Institute of Physics,2009, 15(11):62-62.

[22] SCAIFE B K P. Principles of Dielectrics[M]. Oxford:Oxford Science Publications,1989.

[23] KOLUNDŽIJA B M,DJORDJEVIC A R. Electromagnetic modeling of composite metallic and dielectric structures[M]. Fitchburg,MA:Artech House,2002.

[24] HIPPEL A R V. Dielectric Materials and Applications[M]. Boston:Artech House,1995.

[25] KREMER F,SCHÖNHALS A. Broadband Dielectric Spectroscopy[M]. NewYork:Springer — Verlag Berlin Heidelberg,2003.

[26] DEBYE P J W. The Collected Papers of Peter J. W. Debye[M]. New York: Interscience,1954.

[27] LORENTZ H A,WIEN W. The theory of electrons and its applications to the phenomena of light and radiant heat[J]. Bull. Amer. Math. Soc,1911,17:194-200.

[28] FRÖHLICH,H. Theory of dielectrics:dielectric constant and dielectric Loss[M]. Oxford:Oxford Science Publications,1987.

[29] SIHVOLA A H. Electromagnetic mixing formulas and applications[M]. London:IEE,1999.

[30] OUGHSTUN K E,CARTWRIGHT N A. On the Lorentz-lorenz formula and the Lorentz model of dielectric dispersion[J]. Optics Express,2003,11(13):1541-1546.

[31] VAN V J H,WEISSKOPF V F. On the shape of collision-broadened lines[J]. Reviews of Modern Physics,1945,17(2-3):227-236.

[32] MOSOTTI O F. Discussione analitica sull'influenza che l'azione di un mezzo dielettrico ha sulla distribuzione dell'elettricità alla superficie di più corpi elettrici disseminato in esso[J]. Memorie di Matematica e di Fisica della Società Italiana delle Scienze(Modena),1850,24:49-74.

[33] CLAUSIUS R. Abhandlungen über die mechanische Wärmetheorie[M]. Wiesbaden:Friedrich Vieweg&Sohn Verlag,1864.

第3章

静态场电磁均一化理论：Maxwell－Garnett 混合公式及结构简单介质混合物

如前文所述，对于给定混合物(其不均匀度 a 固定)，随着频率的升高，整个频谱可以定性的分为三类：准静态范围、动态范围和光子晶体范围。准静态范围内，混合公式法为常用的电磁均一化方法；动态范围内，散射参数法、场均一化法等均一化方法被用于确定等效宏观电磁特性参数的频率色散；光子晶体范围内，电磁均一化理论基本失效。混合公式法通常可以有效地估计混合物的等效电磁参数，Maxwell－Garnett 和 Rayleigh 混合公式是其中的代表，它们将等效电磁特性参数表达为混合物各组成媒质电磁参数及相应体积填充率的函数，但与频率无关。本章将着重讨论基于混合公式法的静态电磁均一化理论。

3.1　宏观电磁响应与等效电磁常数

混合物是由两种或者多种均匀物质经物理方式合成的,其不均匀性通常远大于其组成物质的原子尺寸。混合物有诸多物理特征参数,如质量、密度、温度、比热容等,每一个物理量都会对应一种特殊的均一化过程。其中,求解给定混合物的体密度是一种简单的也是最为人熟知的均一化过程。然而,并不是所有均一化过程都如体密度那样简单且容易操作,特别是电磁均一化过程。

在相当多的应用场景下,人们并不关心混合媒质内不同位置处的电磁场分布情况;相反,人们更加重视混合物的外部宏观电磁响应。这种情况非常类似于各种网络化分析和设计,将实际的混合物等效为具有等效电磁参数的均匀媒质,进而替换实际混合物,从而达到便捷计算系统响应的目的。此时,通常把等效均一化模型的电磁特性参数定义为等效电磁参数,如等效介电常数和等效磁导率。

图 3.1 所示为电磁均一化的基本物理过程,即利用具有宏观等效电磁特性参数(通常是等效介电常数 ε_{eff} 和等效磁导率 μ_{eff})的均匀媒质模型来代替具有完整微观电磁特性描述的实际混合物样本。电磁均一化过程的基本原则是保证等效模型具有与实际混合物近似的宏观电磁特性,其目的在于减少电磁特性参数的数量,简化电磁分析的复杂程度。对如图 3.1 所示的混合物应用电磁均一化的前提条件是给定的参考电磁波的工作波长要远大于实际混合物的最大不均匀度;否则,强行的均一化过程可能会产生违背物理定律的现象,如违背因果律(Law of Causality)和无源律(Law of Passivity)。总体来说,电磁均一化的过程中有一条原则必须遵守,即从基本的电磁学法则出发,提出均一化理论,并推导出相应的均一化公式。

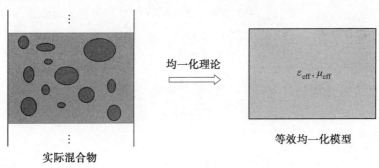

图 3.1　电磁均一化的基本物理过程

3.2 场均一化及 Maxwell – Garnett 混合公式

本节讨论的介质混合物模型如下：假设背景介质为各向同性、均匀的，介电常数为 ε_e，其中随机分布着球状的另一种介质，介电常数为 ε_i，体积分数为 f，且第二种介质球体间隔较远，电场耦合较弱，耦合作用对计算带来的影响可以忽略。二维两相介质混合物模型如图 3.2 所示，其中小球代表介质内含物，媒质代表背景介质材料。

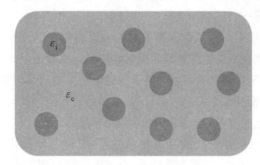

图 3.2 二维两相介质混合物模型

若此混合物可以电磁均一化，则在外加电场作用下，介质所表现出的宏观电响应可表示为

$$\boldsymbol{D} = \varepsilon_{\text{eff}} \boldsymbol{E} \tag{3.1}$$

式中，ε_{eff} 为电磁均一化后介质所表现出的等效介电常数。

另外，若考虑掺杂介质的体积分数对电场分布的影响，则平均电通量密度为

$$\boldsymbol{D} = f\varepsilon_i \boldsymbol{E}_i + (1-f)\varepsilon_e \boldsymbol{E}_e \tag{3.2}$$

平均电场强度为

$$\boldsymbol{E} = f\boldsymbol{E}_i + (1-f)\boldsymbol{E}_e \tag{3.3}$$

故等效介电常数为

$$\varepsilon_{\text{eff}} = \frac{f\varepsilon_i A + (1-f)\varepsilon_e}{fA + 1 - f} \tag{3.4}$$

式中，A 为介质场强比，即满足

$$\boldsymbol{E}_i = A\boldsymbol{E}_e \tag{3.5}$$

由参考文献可知

$$A = \frac{3\varepsilon_e}{\varepsilon_i + 2\varepsilon_e} \tag{3.6}$$

代入式(3.4)并化简得

$$\varepsilon_{eff} = \frac{3f\varepsilon_e\varepsilon_i + (1-f)\varepsilon_e(\varepsilon_i + 2\varepsilon_e)}{3\varepsilon_e f + (1-f)(\varepsilon_i + 2\varepsilon_e)}$$

$$= \frac{\varepsilon_e(3f\varepsilon_i + \varepsilon_i + 2\varepsilon_e - f\varepsilon_i - 2f\varepsilon_e)}{\varepsilon_i + 2\varepsilon_e - f(\varepsilon_i - \varepsilon_e)}$$

$$= \varepsilon_e + \frac{3f\varepsilon_e(\varepsilon_i - \varepsilon_e)}{\varepsilon_i + 2\varepsilon_e - f(\varepsilon_i - \varepsilon_e)} \tag{3.7}$$

由此可以得到针对该种介质混合物进行电磁均一化的 Maxwell－Garnett 公式为

$$\varepsilon_{eff} = \varepsilon_e + \frac{3f\varepsilon_e(\varepsilon_i - \varepsilon_e)}{\varepsilon_i + 2\varepsilon_e - f(\varepsilon_i - \varepsilon_e)} \tag{3.8}$$

背景材料相同、内含物介电常数 ε_i 不同时,Maxwell－Garnett 公式给出的等效介电常数估计 ε_{eff} 对于内含物体积填充率 f 的变化规律如图 3.3 所示。图 3.3 表明,当体积填充率为 0 时,等效介电常数归于背景媒质的介电常数,与实际物理情况相符;当体积填充率为 1 时,等效介电常数归于内含物的介电常数。另一有趣现象是,当内含物与背景媒质的相对介电常数比增大时,两相介质混合物的等效介电常数随体积填充率的变化更加剧烈。这一现象主要归因于较大的相对介电常数比条件下,混合物中能够诱导出更加强劲的宏观电磁响应。

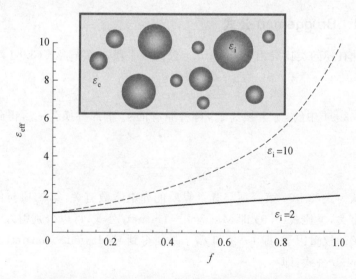

图 3.3　背景材料相同、内含物介电常数 ε_i 不同时,Maxwell－Garnett 公式给出的等效介电常数估计 ε_{eff} 对于内含物体积填充率 f 的变化规律

3.3 广义混合公式

Maxwell—Garnett公式作为最直接的两相介质混合物宏观电磁参数估计公式,具有推导过程简单、物理意义明确等优点。但是,由于推导过程中忽略了内含物间的电磁耦合效应,尤其是距离较近内含物之间可能存在的强耦合,因此 Maxwell—Garrnett公式具有明显的局限性,主要体现在以下几个方面:第一,体积填充率不能太高,过高的体积填充率意味着不同内含物具有更高的概率产生较强的电磁耦合,同时个体内含物间的电磁耦合也会因较大的体积填充率产生累加效应,从而严重影响 Maxwell—Garnett 公式的准确性;第二,内含物的相对介电常数不宜过高,具有较高介电常数的内含物之间的电磁耦合更加明显,也会导致 Maxwell—Garnett 公式失效;第三,如果允许分立的内含物互相接触甚至融合,Maxwell—Garnett 公式会迅速恶化。为了解决上述条件下 Maxwell—Garnett 公式的弊端,人们探索了其他形式的混合公式,其中的代表为 Bruggeman 公式。

3.3.1 Bruggeman 公式

用一种有趣的类比导出 Bruggeman 公式的手段。首先将式(3.8)改写成

$$\frac{\varepsilon_{\text{eff}} - \varepsilon_e}{\varepsilon_{\text{eff}} + 2\varepsilon_e} = f \frac{\varepsilon_i - \varepsilon_e}{\varepsilon_i + 2\varepsilon_e} f \tag{3.9}$$

然后,将式(3.9)中的 ε_{eff} 替换为 ε_e,再将原有的 ε_e 全部替换为 ε_{eff},得到如下两项,即

$$\frac{\varepsilon_e - \varepsilon_{\text{eff}}}{\varepsilon_e + 2\varepsilon_{\text{eff}}}, \frac{\varepsilon_i - \varepsilon_{\text{eff}}}{\varepsilon_i + 2\varepsilon_{\text{eff}}} \tag{3.10}$$

如果认为式(3.10)第一项与背景媒质的介电常数有关,第二项与内含物的介电常数有关,类比式(3.9)即 Maxwell—Garnett 公式,可以分别引入与体积填充率 f 有关的权重因子,即 $1-f$ 和 f,于是便得到与 Mawell—Garnett 公式齐名的 Bruggeman 公式,即

$$(1-f)\frac{\varepsilon_e - \varepsilon_{\text{eff}}}{\varepsilon_e + 2\varepsilon_{\text{eff}}} + f \frac{\varepsilon_i - \varepsilon_{\text{eff}}}{\varepsilon_i + 2\varepsilon_{\text{eff}}} = 0 \tag{3.11}$$

该公式由德国物理学家 D. Bruggeman 于 1935 年提出,旨在弥补 Maxwell—Garnett 的不足,能够比较准确地反映出内含物体积填充率较高时两相混合物的等效介电常数。内含物和背景媒质的相对介电常数比 $\varepsilon_i/\varepsilon_e$ 不同时,Maxwell—Garnett 公式和 Bruggeman 公式的估计值随内含物体积填充率 f 的变化趋势如

图 3.4 所示。其中实线代表 Maxwell－Garnett 的估计值,而虚线代表 Bruggemen 的估计结果。可以明显看出,当内含物和背景媒质的相对介电常数比 $\varepsilon_i/\varepsilon_e$ 较小时(图 3.4(a) 对应的情况),无论内含物体积填充率如何变化,两个公式估计出的等效介电常数都非常一致;但当内含物和背景媒质的相对介电常数比 $\varepsilon_i/\varepsilon_e$ 较大(图 3.4(b) 对应的情况)且体积填充率大于 20% 时,Bruggeman 公式估计的等效介电常数明显高于 Maxwell－Garnett 的估计。通常情况下,认为当内含物体积填充率小于 30% 时,Mawell－Garnett 混合公式更加准确;当内含物体积填充率大于 70% 时,Bruggeman 更适用。

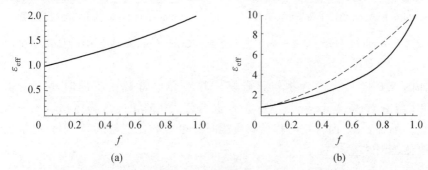

图 3.4　内含物和背景媒质的相对介电常数比 $\varepsilon_i/\varepsilon_e$ 不同时,Maxwell－Garnett 公式和
Bruggeman 公式的估计值随内含物体积填充率 f 的变化趋势

3.3.2　Inverse Maxwell－Garnett 公式

上节中介绍的 Bruggeman 混合公式促使人们思考这样一个问题:不同的混合公式对于同样的混合物样本给出了不同的等效介电常数,如果抛开准确性不谈,在内含物相对介电常数、体积填充率、背景媒质的相对介电常数确定的情况下,等效介电常数是否存在上下边界? 如何定量地确定其上下边界的数值?

人们基于图 3.5 所示的类比,得出了基于 Maxwell－Garnett 混合公式的混合物等效介电常数上下边界范围定义的方法。图 3.5(a) 是 Raisin Pudding 葡萄干布丁型混合物,泛指内含物分散的分布在背景媒质中且互相分开,内含物的相对介电常数通常大于背景媒质。由于 Maxwell－Garnett 混合公式忽略了内含物之间的耦合效应,因此能够判断出其估计值适用于作为等效介电常数的下限值。图 3.5(b) 是与之互补的 Swiss Cheese 瑞士奶酪型混合物,泛指内含物的相对介电常数小于背景媒质,同时泛指内含物分散的分布在背景媒质中且互相分开。针对这种互补的情况,将式(3.8) 中的 ε_i、ε_e、f 分别替换为 ε_e、ε_i、$1-f$,便得到了用于估计等效介电常数的上限值的 Inverse Maxwell－Garnett 混合公式,即

$$\varepsilon_{\text{eff}} = \varepsilon_i + \frac{3(1-f)\varepsilon_i(\varepsilon_e - \varepsilon_i)}{\varepsilon_e + 2\varepsilon_i - (1-f)(\varepsilon_e - \varepsilon_i)} \tag{3.12}$$

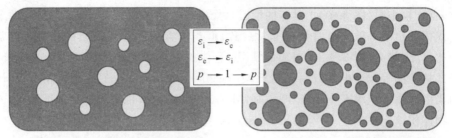

(a) Raisin Pndding 葡萄干布丁型混合物　　　　(b) Swiss Cheese 瑞士奶酪型混合物

图 3.5　Raisin Pudding 葡萄干布丁型混合物和 Swiss Cheese 瑞士奶酪型混合物的示意图

　　如图 3.6 所示为内含物与背景媒质相对介电常数比不同时，Maxwell－Garnett 与 Inverse Maxwell－Garnett 混合公式相对于内含物体积填充率的变化曲线。不难看出，内含物与背景媒质相对介电常数比值越大，等效介电常数的可能取值范围越宽。

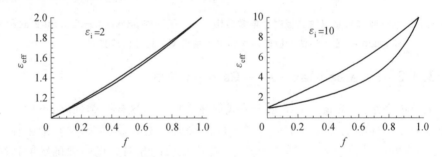

图 3.6　内含物与背景媒质相对介电常数比不同时，Maxwell－Garnett 与 Inverse Mawell－Garnett 混合公式相对于内含物体积填充率的变化曲线

3.3.3　高阶混合公式

　　无论是 Mawell－Garnett 混合公式还是 3.3.1 节中介绍的 Bruggeman 公式，对于内含物的体积填充率这一变量而言，都可以理解为一阶的泰勒级数展开，如式（3.8）所示。当思考其物理意义时，不难发现该一阶泰勒级数展开所得公式只考虑了分立内含物的电偶极子特性，并未囊括其高阶电偶极矩、内含物间的电磁耦合等复杂电磁响应。人们在 Maxwell－Garnett 公式基础上，逐步添加复杂电磁响应项，形成了多种高阶泰勒级数展开形式的高阶混合公式。其中，最具代表性的是 Lord Rayleigh 混合公式，即

$$\varepsilon_{\text{Ray}} = \varepsilon_e + \cfrac{2f\varepsilon_e}{\cfrac{\varepsilon_i + \varepsilon_e}{\varepsilon_i - \varepsilon_e} - f - \cfrac{\varepsilon_i - \varepsilon_e}{\varepsilon_i + \varepsilon_e}(0.305\ 8f^4 + 0.013\ 4f^8)} \tag{3.13}$$

非常有趣的一点是,当体积填充率的高阶项消失时,式(3.13)将简化为式(3.8),即经典的 Maxwell−Garnett 混合公式。不难推断出,Rayleigh 混合公式只有对于体积填充率较大的情形,才会体现出与 Maxwell−Garnett 公式的显著差异。

3.4　经典介质色散机制模型

截至本节,已完成了经典静电场电磁均一化理论的介绍,主要针对混合公式法加以论述。本节将介绍几种经典的介质电磁色散机制模型。同时,结合 Maxwell−Garnett 公式和不同介质色散模型,本节为正式讨论准动态电磁均一化技术拉开序幕。

3.4.1　Debye 模型

作为自然界中重要的介质,水的介电特性受到了广泛的关注,其电色散曲线主要体现为一种以弛豫时间为特征的性质。描述水电色散特性的最经典模型为

$$\varepsilon(\omega) = \varepsilon_\infty + \frac{\varepsilon_s - \varepsilon_\infty}{1 + j\omega\tau} \tag{3.14}$$

式中,ε_s 代表频率为零时水的相对介电常数;ε_∞ 代表频率为无穷大时水的相对介电常数;τ 代表等效的弛豫时间,其物理意义是水分子的等效电偶极矩对于外加电场的响应有一定的时延特性。

有趣的一点是,当如图 3.2 所示的混合物中内含物小球的介电常数色散曲线满足 Debye 模型时,Maxwell−Garnett 混合公式预测出的混合物等效介电常数的色散特性将如何变化? 将式(3.8)中的内含物相对介电常数替换为式(3.14),经整理,混合物等效介电常数的色散特性遵循

$$\varepsilon_{\text{eff}}(\omega) = \varepsilon_{\infty,\text{eff}} + \frac{\varepsilon_{s,\text{eff}} - \varepsilon_{\infty,\text{eff}}}{1 + j\omega\tau_{\text{eff}}} \tag{3.15}$$

其中各等效参数满足

$$\varepsilon_{\infty,\text{eff}} = \varepsilon_e + 3f\varepsilon_e\frac{\varepsilon_\infty - \varepsilon_e}{\varepsilon_\infty + 2\varepsilon_e - f(\varepsilon_\infty - \varepsilon_e)} \tag{3.16}$$

$$\varepsilon_{s,\text{eff}} = \varepsilon_e + 3f\varepsilon_e\frac{\varepsilon_s - \varepsilon_e}{\varepsilon_s + 2\varepsilon_e - f(\varepsilon_s - \varepsilon_e)} \tag{3.17}$$

$$\tau_{\text{eff}} = \tau\frac{\varepsilon_\infty + 2\varepsilon_e - f(\varepsilon_\infty - \varepsilon_e)}{\varepsilon_s + 2\varepsilon_e - f(\varepsilon_s - \varepsilon_e)} \tag{3.18}$$

从式(3.15)中可以看出,混合物的介电色散特性也遵循 Debye 色散机制,且其变换后的特性参数由 Maxwell – Garnett 公式确定。

3.4.2 Lorentz 模型

Lorentz 模型作为另外一种被广泛使用的模型,主要用于描述固体的原子谐振色散机制,其数学表达式为

$$\varepsilon(\omega) = \varepsilon_\infty + \frac{\omega_p^2}{\omega_0^2 - \omega^2 + j\nu\omega} \tag{3.19}$$

式中,ω_p 代表固体的等离子体谐振频率;ω_0 代表固体的固有谐振频率;ν 代表衰减频率,描述媒质对于电磁波的介电损耗。类比上节中的分析,当如图 3.2 所示的混合物中内含物小球的介电常数色散曲线满足 Lorentz 模型时,Maxwell – Garnett 混合公式预测出的混合物等效介电常数的色散特性仍满足 Lorentz 色散机制,其变换后的特性参数为

$$\varepsilon_{\infty,\text{eff}} = \varepsilon_e + 3f\varepsilon_e \frac{\varepsilon_\infty - \varepsilon_e}{\varepsilon_\infty + 2\varepsilon_e - f(\varepsilon_\infty - \varepsilon_e)} \tag{3.20}$$

$$\omega_{p,\text{eff}} = \sqrt{f \frac{3\varepsilon_e}{\varepsilon_\infty + 2\varepsilon_e - f(\varepsilon_\infty - \varepsilon_e)}} \omega_p \tag{3.21}$$

$$\omega_{0,\text{eff}}^2 = \omega_0^2 + \frac{1-f}{\varepsilon_\infty + 2\varepsilon_e - f(\varepsilon_\infty - \varepsilon_e)} \omega_p^2 \tag{3.22}$$

$$\nu_{\text{eff}} = \nu \tag{3.23}$$

3.4.3 Drude 模型

超颖材料的快速发展使得 Drude 模型近年来得到了大量关注。Drude 模型主要用来描述金属的电色散特性,其数学表达式为

$$\varepsilon(\omega) = \varepsilon_\infty - \frac{\omega_p^2}{\omega^2 - j\nu\omega} \tag{3.24}$$

对比式(3.19),不难发现 Lorentz 模型在固有谐振频率为零的条件下可以简化为 Drude 模型。当如图 3.2 所示的混合物中内含物小球的介电常数色散曲线满足 Drude 模型时,Maxwell – Garnett 混合公式预测出的混合物等效介电常数的色散特性变为 Lorentz 色散机制。

3.4.4 Fröhlich 模型与过渡性色散机制

与前面介绍的色散模型不同,Fröhlich 色散模型显示出一种独特的机制,当其特征参数发生变化时,可以认为是从弛豫型色散机制过渡到共振型色散机制。Fröhlich 模型在实践中被用来描述不同气体或蒸汽的介电行为,其数学表达式为

$$\varepsilon(\omega) = \varepsilon_\infty + \frac{1}{2}\Delta\varepsilon\left[\frac{1+j\omega_0\tau}{1+j(\omega+\omega_0)\tau} + \frac{1-j\omega_0\tau}{1+j(\omega-\omega_0)\tau}\right] \tag{3.25}$$

从式(3.25)中不难看出,当 $\omega_0\tau \ll 1$ 时,Fröhlich 模型逐渐简化为 Debye 模型;当 $\omega_0\tau$ 逐渐增大时,共振的 Lorentz 模型占主导地位。

为了更好地理解 Fröhlich 模型的色散机理,将式(3.25)重新拆分并整理为

$$\varepsilon(\omega) = \frac{\varepsilon_\infty}{3} + \frac{1}{2}\Delta\varepsilon\underbrace{\left[\frac{1}{1+j(\omega+\omega_0)\tau}\right]}_{\substack{\text{第一项}}} + \frac{\varepsilon_\infty}{3} + \frac{1}{2}\Delta\varepsilon\underbrace{\left[\frac{1}{1+j(\omega-\omega_0)\tau}\right]}_{\substack{\text{第二项}}} +$$

$$\underbrace{\frac{\varepsilon_\infty}{3} + \frac{1}{2}\Delta\varepsilon\underbrace{\left[\frac{2\omega_0^2}{\omega_0^2+\tau^{-2}-\omega^2+j2\tau^{-1}\omega}\right]}_{\substack{\text{第三项}}}}_{\substack{\text{Lorentz 模型}}}$$

其中第一项下方标注：无源偏移 Debye 模型；第二项下方标注：有源偏移 Debye 模型。

$$\tag{3.26}$$

式中,第一项和第二项是从 Debye 模型偏移 $\pm\omega_0$ 的两个弛豫型色散机制;第三项表示 Lorentz 模型共振型色散机制。当 $\omega_0\tau=0$ 时,第三项归零,前两项正好给出了 Debye 模型,即只观察到弛豫型色散;当 $\omega_0\tau$ 从零增加时,总色散逐渐偏离 Debye 模型,最终由第三项控制,即共振型色散。式(3.26)具有重要意义,因为它清楚地区分了 Fröhlich 模型与 Debye 模型和 Lorentz 模型。还应注意,式(3.26)中的第二个 Shifted Debye 项不是无源的,因为当频率低于 ω_0 时,它导致介电常数的虚部为正。因此,Fröhlich 模型可以解释为 Shifted Passive Debye 型色散、Shifted Active Debye 型色散和 Lorentz 型色散的混合色散机制。

当如图 3.2 所示的混合物中内含物小球的介电常数色散曲线满足 Fröhlich 模型时,Maxwell—Garnett 混合公式预测出的混合物等效介电常数的色散特性极为复杂,即

$$\varepsilon_{\text{eff}}(\omega) = \varepsilon_{\infty,\text{FR}} + \frac{1}{2}\Delta\varepsilon_{\text{FR}}\left[\frac{1+j\omega_{0,\text{FR}}\tau_{\text{FR}}}{1+j(\omega+\omega_{0,\text{FR}})\tau_{\text{FR}}} + \frac{1-j\omega_{0,\text{FR}}\tau_{\text{FR}}}{1+j(\omega-\omega_{0,\text{FR}})\tau_{\text{FR}}}\right] -$$

$$\frac{2j(K^2-K)\omega_0^2\tau^3\omega}{(1+\omega^2\tau^2K^2+K\omega_0^2\tau^2+2j\omega K\tau)(1+\omega^2\tau^2K+\omega_0^2\tau^2+jK\omega\tau+j\omega\tau)}$$

$$\tag{3.27}$$

式中

$$K = \frac{\varepsilon_\infty(1-f)+\varepsilon_e(2+f)}{\varepsilon_s(1-f)+\varepsilon_e(2+f)} \tag{3.28}$$

$$\tau_{\text{FR}} = K\tau \tag{3.29}$$

$$\omega_{0,\text{FR}} = \frac{\omega_0}{\sqrt{K}} \tag{3.30}$$

$$\Delta\varepsilon_{\text{FR}} = \varepsilon_{s,\text{FR}} - \varepsilon_{\infty,\text{FR}} \tag{3.31}$$

介观电磁均一化理论及应用

式(3.27)清楚地表明了经 Maxwell-Garnett 混合后,等效介电常数并没有遵循 Fröhlich 色散机制。为了更好地描述该色散机制,式(3.27)改写为如下形式,即

$$\varepsilon_{\text{eff}}(\omega) = \varepsilon_{\infty,\text{FR}} + \frac{A}{\omega - \omega_1} + \frac{B}{\omega - \omega_2} \tag{3.32}$$

式中特将参数 ω_1、ω_2、A 和 B 分别由下式给出,即

$$\omega_{1,2} = \frac{-j[\varepsilon_e(4+2f) + \varepsilon_\infty(1-f) + \varepsilon_s(1-f)] \pm \sqrt{H}}{2\tau[\varepsilon_\infty(f-1) - \varepsilon_e(f+2)]} \tag{3.33}$$

$$A,B = 9\varepsilon_e^2 f(\varepsilon_\infty - \varepsilon_s) \frac{j\sqrt{H} \pm [(1-f)(\varepsilon_\infty - \varepsilon_s) + 2\omega_0^2\tau^2(2\varepsilon_e + f\varepsilon_e + \varepsilon_\infty - f\varepsilon_\infty)]}{2\tau[(2+f)\varepsilon_e + (1-f)\varepsilon_\infty]^2\sqrt{H}} \tag{3.34}$$

$$H = -[2\varepsilon_e(2+f) + (\varepsilon_\infty + \varepsilon_s)(1-f)]^2 + 4[\varepsilon_\infty(1-f) + \varepsilon_e(2+f)][\varepsilon_s(1-f) + \varepsilon_e(2+f)](1+\omega_0^2\tau^2) \tag{3.35}$$

从式(3.33)~(3.35)中可以看出,参数 ω_1、ω_2、A 和 B 的性质在很大程度上取决于 H 的符号,即式(3.35)。

对于稀释混合物,有 $H < 0$,参数 ω_1、ω_2、A 和 B 同时为纯虚数。因此,式(3.32)显示双 Debye 色散机制(DDTD)。特别地,由式(3.32)的第二项和第三项表示的两个 Debye 型色散具有不同的符号,正色散的振幅小于负色散的振幅,从而确保总色散服从无源性。

随着 f 的逐渐增加,H 从负值接近于零。当 H 为零时,通过令式(3.32)等于零,解析地表达出极限体积分数 f_b,其数学表达式为

$$f_b = \frac{(\varepsilon_\infty - \varepsilon_s)^2 - 6\omega_0\tau\varepsilon_e\sqrt{(\varepsilon_\infty - \varepsilon_s)^2(1+\omega_0^2\tau^2)}}{(\varepsilon_\infty - \varepsilon_s)^2 - 4\omega_0^2\tau^2(\varepsilon_\infty - \varepsilon_e)(\varepsilon_s - \varepsilon_e)} -$$
$$\frac{2\omega_0^2\tau^2[(\varepsilon_s + 2\varepsilon_e)(\varepsilon_\infty - \varepsilon_e) + (\varepsilon_\infty + 2\varepsilon_e)(\varepsilon_s - \varepsilon_e)]}{(\varepsilon_\infty - \varepsilon_s)^2 - 4\omega_0^2\tau^2(\varepsilon_\infty - \varepsilon_e)(\varepsilon_s - \varepsilon_e)} \tag{3.36}$$

当 f 从 f_b 继续增加时,$H > 0$,使得 ω_1、ω_2、A 和 B 变成复数。特别地,有 $\text{Re}[A] = -\text{Re}[B]$、$\text{Im}[A] = \text{Im}[B]$、$\text{Re}[\omega_1] = -\text{Re}[\omega_2]$ 和 $\text{Im}[\omega_1] = \text{Im}[\omega_2]$。这种混合物表现为一种更复杂的色散机制——一种洛伦兹型、位移被动 Debye 型和位移主动 Debye 型色散(LDDD)的组合。

最后,值得一提的是,DDTD 和 LDDD 机制更为普遍,不能简化为简单的介电色散模型。当然,可以通过附加一些额外的条件,完成上述色散机制的简化。例如,通过进一步强迫 A 和 B 的虚部为相反的符号,DDTD 等价于 Lorentz 色散。如果 A 和 B 是实数,LDDD 也将退化为 Lorentz 模型。

本章参考文献

[1] MILTON G W. The Theory of Composites[M]. Cambridge:Cambridge University Press,2002.

[2] LANDAU L D,LIFSHITZ E M,PITAEVSKII L P. Electrodynamics of continuous media[M]. 2nd ed. Burlington:Elsevier Butterworth-Heinemann,1984.

[3] OLEINIK O A,SHAMAEV A S,YOSIFIAN G A. Mathematical problems in elasticity and homogenization[M]. Amsterdam:Elsevier Science Publishers,1991.

[4] WEIGLHOFER W S,AKHLESH L. Introduction to complex mediums for optics and electromagnetics[M]. Bellingham,WA:SPIE press,2003.

[5] JOANNOPOULOS J D,MEADE R D,WINN J N. Photonic Grystals:Mobling the Flow of light[M]. Princeton:Princeton University Press,1995.

[6] CROENNE C,FABRE N,GAILLOT D P,et al. Bloch impedance in negative index photonic crystals[J]. Physical Review B,2008,77(12):125333.

[7] GALISTEO-LÓPEZ J F,GALLI M,PATRINI M,et al. Effective refractive index and group velocity determination of three-dimensional photonic crystals by means of white light interferometry[J]. Physical Review B,2006,73(12):125103.

[8] SCHWARTZ B T,PIESTUN R. Dynamic properties of photonic crystals and their effective refractive index[J]. Journal of the Optical Society of America B,2005, 22(9):2018-2026.

[9] MOJAHEDI M,ELEFTHERIADES G V. Dispersion engineering:the use of abnormal velocities and negative index of refraction to control dispersive effects[M]. Negative Refraction Metamaterials:Fundamental Properties and Applications. IEEE Press-Wiley Interscience,2005:381-411.

[10] MAGNUSSON R,SHOKOOH-SAREMI M,WANG X. Dispersion engineering with leaky-mode resonant photonic lattices[J]. Optics Express,2010, 18(1):108-116.

[11] GARNETT J C M. XII. Colours in metal glasses and in metallic films[J]. Philosophical Transactions of the Royal Society of London. Series A,Containing Papers of a Mathematical or Physical Character,1904,203(359-371):385-420.

[12] VESELAGO V G. The electrodynamics of substances with simultaneously negative values of ε and μ[J]. Physics-Uspekhi,1968,10(4):509-514.

[13] PENDRY J B. Negative refraction[J]. Contemporary Physics,2004,45(3):191-202.

[14] SHELBY R A,SMITH D R,SCHULTZ S. Experimental verification of a negative index of refraction[J]. Science,2001,292(5514):77-79.

[15] KOSCHNY T,MARKOŠ P,SMITH D R,et al. Resonant and antiresonant frequency dependence of the effective parameters of metamaterials[J]. Physical Review E,2003,68(6):065602.

[16] DEPINE R A,LAKHTAKIA A. Comment I on "Resonant and antiresonant frequency dependence of the effective parameters of metamaterials"[J]. Physical Review E,2004,70:048601.

[17] EFROS A L. Comment II on "Resonant and antiresonant frequency dependence of the effective parameters of metamaterials"[J]. Physical Review E,2004, 70(4):048602.

[18] KOSCHNY T,MARKOŠ P,SMITH D R,et al. Reply to comments on "resonant and antiresonant frequency dependence of the effective parameters of metamaterials"[J]. Physical Review E,2004,70(4):048603.

[19] YANG T C,YANG Y H,YEN T. An anisotropic negative refractive index medium operated at multiple-angle incidences[J]. Optics Express,2009,17(26): 24189-24197.

[20] RAYLEIGH L L. On the influence of obstacles arranged in rectangular order upon the properties of a medium[J]. The London,Edinburgh,and Dublin Philosophical Magazine and Journal of Science,1892,34(211):481-502.

[21] JACKSON J D. Classical Electrodynamics,3rd Edition[M]. New York:John Wiley and Sons Inc. ,1999.

[22] SCAIFE B K P. Principles of Dielectrics[M]. Oxford:Oxford Science Publications,1989.

[23] KOLUNDŽIJA B M,DJORDJEVIC A R. Electromagnetic modeling of composite metallic and dielectric structures[M]. Artech House,2002.

[24] HIPPEL A R V. Dielectric Materials and Applications[M]. Boston:Artech House,1995.

[25] KREMER F,SCHÖNHALS A. Broadband Dielectric Spectroscopy[M]. NewYork:Springer — Verlag Berlin Heidelberg,2003.

[26] DEBYE P J W. The Collected Papers of Peter J. W. Debye[M]. New York: Interscience,1954.

[27] LORENTZ H A,WIEN W. The theory of electrons and its applications to the phenomena of light and radiant heat[J]. Bull. Amer. Math. Soc,1911,17:194-200.

[28] FRÖHLICH H. Theory of dielectrics：dielectric constant and dielectric Loss[M]. Oxford：Oxford Science Publications，1987.

[29] SIHVOLA A H. Electromagnetic mixing formulas and applications[M]. London：IEE，1999.

[30] OUGHSTUN K E，CARTWRIGHT N A. On the Lorentz-lorenz formula and the Lorentz model of dielectric dispersion[J]. Optics Express，2003，11(13)：1541-1546.

[31] VAN V J H，WEISSKOPF V F. On the shape of collision-broadened lines[J]. Reviews of Modern Physics，1945，17(2-3)：227-236.

[32] MOSOTTI O F. Discussione analitica sull'influenza che l'azione di un mezzo dielettrico ha sulla distribuzione dell'elettricità alla superficie di più corpi elettrici disseminato in esso[J]. Memorie di Matematica e di Fisica della Società Italiana delle Scienze(Modena)，1850，24：49-74.

[33] CLAUSIUS R. Abhandlungen über die mechanische Wärmetheorie[M]. Wiesbaden：Friedrich Vieweg&Sohn Verlag，1864.

[34] QI J R，KETTUNEN H，WALLÉN H，et al. Different retrieval methods based on S-parameters for the permittivity of composites[C]. Berlin，Germany：2010 URSI International Symposium on Electromagnetic Theory. IEEE，2010：588-591.

[35] KRASZEWSKI A. Microwave aquametry：electromagnetic wave interaction with water-containing materials[M]. New York：IEEE Press，1996.

[36] KARKKAINEN K，SIHVOLA A，NIKOSKINEN K. Analysis of a three-dimensional dielectric mixture with finite difference method[J]. IEEE Transactions on Geoscience and Remote Sensing，2001，39(5)：1013-1018.

[37] AVELLANEDA M. Iterated homogenization，differential effective medium theory and applications[J]. Communications on Pure and Applied Mathematics，1987，40(5)：527-554.

[38] DIAZ R E，MERRILL W M，ALEXOPOULOS N G. Analytic framework for the modeling of effective media[J]. Journal of Applied Physics，1998，84(12)：6815-6826.

[39] BROSSEAU C. Modelling and simulation of dielectric heterostructures：a physical survey from an historical perspective[J]. Journal of Physics D：Applied Physics，2006，39(7)：1277-1294.

[40] SEITZ F. The modern theory of solids[M]. New York：McGraw-Hill，1940.

第 4 章

静电场电磁均一化理论:局限性

为了方便地研究混合物的电磁特性,科学家们从 19 世纪开始就尝试用具有相同宏观电磁响应特性的均匀物质模型来等效实际的非均匀物质混合物。均一化技术具有均一化模型特性参数少、便于进行电磁分析等优势,因此常被用来将具有不同介电常数的混合物等效为只有一种介电常数的均一物质模型。第 3 章主要介绍了常用的静态场经典电磁均一化技术,即混合公式法,本章将主要讨论静电场经典电磁均一化理论中混合公式法的局限性。

4.1　准静态近似假设

　　如前所述，混合物在介观尺度上包含多种均匀媒质，其介观组成物质的尺寸要远大于微观上组成混合物的多种分子和原子尺寸。混合物的电磁特性除了受其各组成物质的分子和原子影响，还取决于混合物的不均匀性。这种不均匀性通常包括混合物各组成物质的几何结构、排列方式、体积率（即某个组成物质与混合物的体积比）等因素。

　　前面章节中介绍的计算混合物宏观电磁特性参数的几种混合公式都是在静态场的条件得到的。此时，电磁场的频率为零，对应的波长无穷大。理论上，可以将任何形式的混合物视为均匀媒质。对于无穷大的波长，无论是混合物的不均匀性还是组成混合物的各种均匀媒质的分子和原子结构都是可以忽略不计的。因此，在静态场的条件下，任何形式混合物的宏观电磁特性都可以用等效的均匀媒质代替。引入宏观等效电磁特性参数也具有严格的物理意义，任何均一化理论和相应的均一化技术也都是严格成立的。

　　然而，静态场条件下的均一化理论和技术已经不能满足现代科学发展和工业生产的要求。例如，科研工作者需要通过经典电磁均一化理论和均一化技术从宏观上分析超颖材料的等效电磁特性参数，解释相关的工作机理或者设计理念。通常，超颖材料的设计工作频段都在微波段或者光波段，显然，静态场的条件不能得到保证。在这样的背景下，科研工作者提出了"准静态近似假设"（quasi-static approximation）。如图 1.4 所示，若将混合物的不均匀性记作 a，那么可以按照不均匀性 a 对于不同波长 λ_{eff}（频率）电磁波的影响程度将整个电磁频谱由低到高进行分类。其中，当 a 与 λ_{eff} 的比值为 0 时，静态场条件得到严格满足；而当 a 与 λ_{eff} 的比值远小于 1 时，混合物的不均匀性远小于电磁波的波长，也就不会产生显著的反射、折射或者散射现象。因此，混合物内电磁场的分布是近似均匀的，与静态场条件下近似。在此条件下（$a/\lambda_{\mathrm{eff}} \ll 1$），混合物的宏观电磁特性可以近似地用等效的均匀媒质代替，引入宏观等效电磁特性参数也具有较为严格的物理意义，相应静态场条件下推导出的均一化理论和相应的均一化技术也近似成立。

　　因此，如果混合物的不均匀性 a 与混合物中电磁波等效波长 λ_{eff} 的比值远小于 1，就将此条件称为准静态条件，或者更形象的长波条件。特别的，定义一个特殊的频率点 f_{L}，并认为当电磁波的工作频率小于 f_{L} 时，给定混合物内电磁场的分布情况与静态场的分布情况近似。将这一特殊的频点称为准静态边界

(quasi-static limit),并把小于准静态边界的频率范围称为准静态频率范围。在该频率范围内,传统的均一化建模理论具有较为严格的物理意义。值得指出的是,对于不同的混合物(组成部分的任何物理特性不同),准静态边界和准静态频率范围一般也会发生变化。

4.2　准动态频率范围与介电常数的频域色散特性

4.2.1　准动态频率范围

　　传统的均一化理论和相应均一化方法都是建立在静态场条件,并推广到准静态频率范围内的(图 1.4)。在准静态条件下,混合物的不均匀性 a 将远小于入射的参考电磁波在该混合物中的等效波长 λ_{eff}。此时,混合物内电磁场分布十分接近静态场的分布,等效的均匀物质模型也就具有较为严格的物理意义。因此,$a/\lambda_{\text{eff}} \ll 1$ 便成为能否应用传统均一化理论以及相应均一化技术的充分条件,进而有了准静态边界和准静态频率范围的定义。

　　然而,这一条件大大地限制了传统均一化理论和方法的有效频率范围,进而制约了对于混合物宏观电磁特性频域色散的研究。近年来,随着具有特异电磁特性的新型材料的陆续涌现,科学家们迫切需要一种通用和有效的技术手段来分析新型材料的宏观电磁特性,以解释新型电磁材料的工作机理,进而改进和拓展新型电磁材料的设计方法。

　　严格意义上讲,宽频域范围($a/\lambda_{\text{eff}} \gg 1$)的均一化分析并不具有任何物理意义,此时混合物内的电磁场急剧变化,因此无法将混合物合理的等效为均匀物质模型。那么,建立在等效均匀物质模型基础上的散射参数逆推法也随之失去严格的物理意义。如图 1.4 所示,根据混合物最小单元尺寸(不均匀性)a 对于不同频率电磁波的敏感程度,将频谱由低到高进行分类,并定性地将包含准静态频率范围以及靠近准静态边界的频率范围定义为准动态频率范围。这样做的目的是,可以预见到在距离准静态边界相对较近的频率范围内,均一化理论虽然会逐渐失去严格的物理意义,却仍可以近似地描述混合物的宏观电磁特性,这也是课题组开展准动态频率范围内电磁均一化相关研究的初衷。研究的目标就是在准动态频率范围内提出新的电磁均一化方法或者对已有的经典方法加以拓展和改进,以期拓展电磁均一化理论的可用频率范围。需要指出的是,全动态范围内的电磁均一化很难保证严格的物理意义,原因在于随着频率的显著增加,电磁波波长逐渐接近甚至小于混合物的不均匀性尺寸,电磁散射等介观现象变得非常显著。这时,宏观的分析手段失效,均一化模型失去物理意义,宏观等效电磁参数也不再合理。因此,在"动态范围"之前加上"准"字,以保证定义具有物理意义。再次强调,准动态频率范围是指在此频率范围内均一化理论虽然会逐渐失去严格的物理意义,却仍可以近似描述混合物的宏观电磁特性。在后续章节中,分析混合物宏观等效介电常数的频率色散特性均是在准动态频率范围内进行的。

4.2.2　介电常数的频域色散特性

如前所述,介质需要一定的时间来响应外加时变电磁场的作用。这样的结果就是,某一时刻介质的响应不仅与该时刻外加电场值有关,还与该时刻之前一段时间内的外加电场值有关。而这一时域现象通过傅里叶变换就转化为电磁特性参数(比如介电常数)在频域的色散特性,记为 $\varepsilon(\omega)$。

介质对于外加时变电磁激励响应的迟滞势必会带来介电损耗,经由时域到频域的傅里叶变换,介电损耗就体现为介电常数的虚部,其中实部记为 $\varepsilon'(\omega)$,而虚部记为 $\varepsilon''(\omega)$。介质的复介电常数的虚部越大,介质的介电损耗也就越强,电磁能量与介质相互作用之后,能量损失也就越加明显。另外,介电常数的实部和虚部并不是没有内在联系的,Kramers−Kronig 关系告诉我们,介质介电常数的实部和虚部是不能任意组合的,必须遵守因果关系(the law of causality)。因此,色散媒质一定是有耗媒质。

介质的介电常数随频率的变化规律可分为分子取向极化弛豫机制和原子极化谐振机制等。图 4.1 所示为遵循弛豫机制的介电常数的实部和虚部随频率变化的曲线,图 4.2 所示为遵循谐振机制的介电常数的实部和虚部随频率变化的曲线。

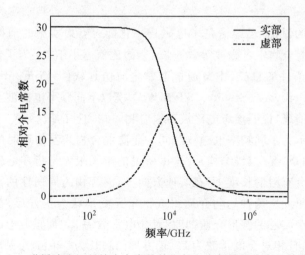

图 4.1　遵循弛豫机制的介电常数的实部和虚部随频率变化的曲线

对于介质混合物来说,电磁均一化的目的就是要设法建立均匀介质模型来

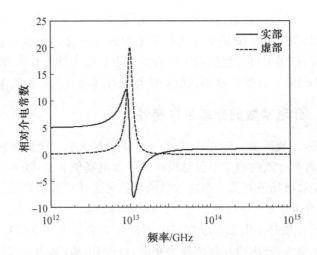

图 4.2　遵循谐振机制的介电常数的实部和虚部随频率变化的曲线

替代实际的混合物,用以等效地分析实际混合物的宏观电磁响应,而均匀介质模型的建立就需要找到介质混合物的宏观等效介电常数。而在实际应用中,通常不关心静态场条件下介质混合物的等效介电常数,却更加关心等效介电常数的频域色散特性,因此如何正确找到等效介电常数随频率的变化关系就是后续章节的重要命题。

4.3　参考电磁波对混合物不均匀性的敏感度

通过前面的讨论,已经清楚了电磁均一化能否有效实施的前提是混合物的不均匀性 a 与混合物中电磁波等效波长 λ_{eff} 的比值远小于1。为了让读者更加直观地理解上述条件的意义,本节通过电磁全波仿真软件(Computer Simulation Technology Microwave Studio,CST MWS)模拟不同频率电磁波与相同介质混合物相互作用情况,说明参考电磁波对混合物不均匀性的敏感度。

图 4.3 所示为不同频率电磁波与同一介质混合物相互作用时的一个单元结构内的电场分布情况(二维结构)。这里所说的半无限大是指在电磁波的传播方向上混合物具有有限的长度;而在其他方向上,混合物为周期性的无穷结构。该周期性结构的单元由两种均匀介质组成。单元的形状为正方形,在该正方形的中心放置了一个实心的圆形介质,其相对介电常数为2。而正方形的其他部分由背景材料填充,且相对介电常数为1。正方形的边长为5 mm,小圆形的面积占正方形面积的5%。通过设置适当的边界条件,该二维周期结构实际表征著名的三维"线媒质"(wire medium),即每个圆形实际代表一根无限长的圆柱体。在CST

MWS 中,改变入射均匀平面波的工作频率,然后观察单元结构内的电场分布情况,如图 4.3 所示。为保证各子图之间具有可比性,绘制各子图时所采用的颜色范围一致。注:图中红色代表振幅的极大值,蓝色代表振幅的负极大值,绿色代表振幅最小值;包络线代表电磁波的等相位面。不难看出,当电磁波的工作频率为 100 MHz 时,对应真空中的电磁波波长约为 3 m,此时,工作波长要远大于单元的尺寸(5 mm)。虽然从图 4.3(a)中可以发现极其微弱的偶极子效应,但是考虑到此时的电磁波波长接近 3 m,这些微小电磁扰动不足可以忽略不计。因此,在这种条件下($a/\lambda_{\text{eff}} \ll 1$),电磁波对于混合物的不均匀性并不敏感,混合物的宏观电磁特性可以近似用等效的均匀媒质代替,引入宏观等效电磁特性参数也具有较为严格的物理意义,相应静态场条件下推导出的均一化理论和相应的均一化技术也近似成立。

随着频率继续升高至 1 GHz,单元内的电场分布如图 4.3(b)所示。此时,真空中的电磁波波长为 30 cm,a/λ_{eff} 仍然远小于 1。此时偶极子效应有一定的增强,对电磁波的影响较 100 MHz 时的情况也有所提高。但是,在 30 cm(60 倍于单元的尺寸)的范围内,该影响也可以被近似忽略,电磁波对于混合物的不均匀性仍不十分敏感。

最后,图 4.3(c)给出了 60 GHz 时单元内部电场的分布情况。此时,真空中的电磁波波长约为 5 mm,与单元的尺寸十分接近。不难发现,由于受到来自内含物的强烈偶极子效应的影响,因此均匀平面波的等相位面严重变形,不再是平面。此时,电磁波对于混合物的不均匀性反映强烈。相关宏观电磁理论无法正确描述混合物的电磁特性,进而无法正常引入宏观等效电磁特性参数,相应静态场条件下推导出的均一化理论和相应的均一化技术也就失去了物理意义和应用价值。

由于公式法只适用于准静态条件,除此之外混合物必须是由两种均一物质组成的两相混合物,且其中一种物质(内含物)的几何形状为球形或椭球形,因此可以看出公式法具有一定局限性,即使混合公式可以用于准动态的电磁均一化过程中,其应用范围也是很有限的。这就需要在准动态频率范围内提出新的电磁均一化理论,并寻求新的电磁均一化方法。需要指出的是,所提出的新的电磁均一化理论和方法必须建立在经典的电磁学公式上。在后续章节中,会结合本课题组在近几年的研究成果,重点介绍适用于薄板型介质混合物的散射参数逆推法、场均一化和色散图标法,并讨论经典的适用于静态场的混合公式法在准动态均一化过程中的应用。

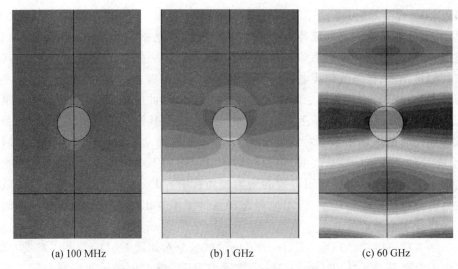

(a) 100 MHz   (b) 1 GHz   (c) 60 GHz

图 4.3 不同频率电磁波与同一介质混合物相互作用时的一个单元结构内的
电场分布情况(二维结构)(见彩图)

本章参考文献

[1] KRASZEWSKI K. Microwave Aquametry[M]. New York:IEEE Press,1996.

[2] SEITZ F. The modern theory of solids[M]. New York:McGraw-Hill,1940.

[3] FRÖHLICH H. Theory of Dielectrics:Dielectric Constant and Dielectric Loss[M]. Oxford:Oxford Science Publications,1987.

[4] MAHAN G D,OBERMAIR G. Polaritons at surfaces[J]. Physical Review,1969, 183(3):834-841.

[5] OUGHSTUN K E,BALICTSIS C M. Gaussian pulse propagation in a dispersive, absorbing dielectric[J]. Physical Review Letters,1996,77(11):2210.

[6] NI X H,ALFANO R R. Brillouin precursor propagation in the THz region in Lorentz media[J]. Optics Express,2006,14(9):4188-4194.

[7] KETTUNEN H,QI J R,WALLEN H,et al. Homogenization of dielectric composites with finite thickness[C]. Tampere,Finland:The 26th Annual Review of Progress in Appled Computational Electromagnetics,2010,490-495.

[8] ZIOLKOWSKI R W,JUDKINS J B. Propagation characteristics of ultrawide-bandwidth pulsed Gaussian beams[J]. JOSA A,1992,9(11):2021-2030.

［9］Mathworks，Matlab 2009b，www. mahworkds. com/products/matlab，2009.

［10］SOMMERFELD A. Über die Fortpflanzung des Lichtes in dispergierenden Medien［J］. Annalen der Physik，1914，349(10)：177-202.

［11］LI Z F，AYDIN K，OZBAY E. Determination of the effective constitutive parameters of bianisotropic metamaterials from reflection and transmission coefficients［J］. Physical Review E，2009，79(2)：026610.

［12］LEVENBERG K. A method for the solution of certain non-linear problems in least squares［J］. Quarterly of Applied Mathematics，1944，2(2)：164-168.

［13］SIHVOLA A H. Electromagnetic mixing formulas and applications［M］. London：IEE，1999.

［14］RAYLEIGH L L. On the influence of obstacles arranged in rectangular order upon the properties of a medium［J］. The London，Edinburgh，and Dublin Philosophical Magazine and Journal of Science，1892，34(211)：481-502.

［15］JACKSON J D. Classical electrodynamics［M］. 3rd ed. New York：John Wiley and Sons，Inc. ，1999.

［16］SCAIFE B K P. Principles of dielectrics［M］. Oxford：Oxford Science Publications，1989.

［17］KOLUNDŽIJA B M，DJORDJEVIC A R. Electromagnetic modeling of composite metallic and dielectric structures［M］. Boston：Artech House，2002.

［18］HIPPEL A R V. Dielectric materials and applications［M］. Boston：Artech House，1995.

［19］KREMER F，SCHÖNHALS A. Broadband Dielectric Spectroscopy［M］. New York：Springer — Verlag Berlin Heidelberg，2003.

［20］DEBYE P J W. The collected papers of Peter J. W. Debye［M］. New York：Interscience，1954.

［21］LORENTZ H A. The theory of electrons and its applications to the phenomena of light and radiant heat. Leipzig［M］. Germany：Teubner，1909.

第 5 章

准动态外部均一化法：散射参数法

本章介绍和讨论一种重要的准动态电磁均一化方法，即外部均一化法。所谓外部均一化法，是利用介质混合物与外部电磁激励（如均匀平面波）相互作用时，介质混合物外部的反射和透射电磁波完成电磁均一化过程的方法，具有代表性的外部均一化方法为散射参数法，即利用均匀平面波与待测介质混合物相互作用时产生的散射参数 S_{11} 和 S_{21} 逆向推导出介质混合物等效介电常数的方法。作为全书的重点内容之一，本章将着重介绍用于分析准动态频率范围内混合物宏观等效介电常数色散特性的外部均一化法，即散射参数法。

5.1　散射参数逆推法：Nicolson – Ross – Weir 方法

　　基于电磁均一化理论，利用均匀平面波与介质混合物相互作用时所产生的散射参数，逆向推导出均一化模型的宏观等效电磁特性参数（即等效介电常数 ε_{eff} 和等效磁导率 μ_{eff}）的方法称为散射参数逆推法。平面电磁波激励垂直入射到薄板型介质混合物表面时的均一化过程示意图如图 5.1 所示，将介质混合物等效为均匀介质模型，并保证等效模型具有和介质混合物相同的宏观电磁响应，即在相同的均匀平面电磁波激励下，二者的散射参数相同。反过来，已知均匀平面波与介质混合物相互作用时所产生的散射参数时，就可以利用散射参数逆向推导出均一化等效模型的等效介电常数 ε_{eff} 和等效磁导率 μ_{eff}，这就完成了散射参数逆推法的全过程。

　　作为一种重要的准动态均一化手段，散射参数逆推法为分析介质混合物宏观电磁参数的频域色散特性提供了可能。与混合公式法等其他均一化方法相比，散射参数逆推法以其模型参数少、便于分析等优势逐渐成为一种广为应用的均一化算法。

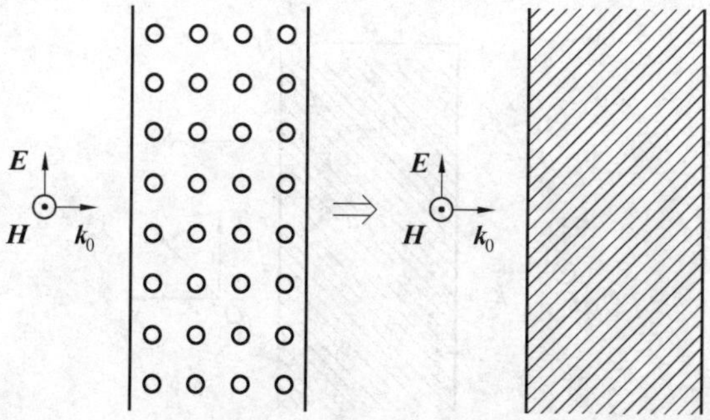

図 5.1　平面电磁波激励垂直入射到薄板型介质混合物表面时的均一化过程示意图（其中薄板的厚度记为 d，E、H、k 分别为平面电磁波的电场矢量、磁场矢量和波矢量）

　　值得注意的是，散射参数逆推法适用于分析薄板型混合物宏观等效电磁参数，但对混合物的内部结构没有任何限制。

　　目前，混合物的宏观电磁特性和相关的特征方程描述方法是很多科学工作者热衷于研讨的话题之一。如 Brosseau 在 2006 年、Silveirinha 在 2007 年、Mochan 等在 2010 年、Galek 等在 2010 年分别在长波区域，即准静态频率范围内，对如混合公式法等一系列均一化方法进行了大量的研究，并提出了响应的改进。除此之外,许多最近被提出的方法,如各种改进型散射参数逆推法和各种场均一化法,都使得在准动态频率范围内研究混合物的电磁特性成为可能。

Nicolson、Ross和Weir分别在1970年和1974年率先提出了散射参数逆推法(又称为NRW方法)。从此,散射参数逆推法被广泛地应用于介质电磁特性参数的提取。美国杜克大学的Smith研究组于2002年对此方法进行了第一次扩展,用以得到由开口环谐振器(split ring resonator,SRR)和短线(short stub)组成的双各向异性(bi-anisotropic)媒质的等效电磁特性参数。Chen Xudong课题组把该方法应用于具有相似结构的物质,重点关注逆推解的唯一性问题和媒质等效厚度确定的问题,该项研究极大地提高了散射参数逆推法的可用性。本章首先推导在均匀平面波垂直入射的条件下适用于如图5.1所示的薄板型均匀介质的散射参数逆推法。

5.1.1　平面电磁波与均匀介质薄板的相互作用

如图5.2所示,平行极化的均匀平面波垂直入射到均匀介质薄板上,薄板介电常数为ε,磁导率为μ。介质板在x方向上的厚度为d,半无限大薄板在x方向的厚度为d,在y和z方向无限大,并设电磁波沿x方向传播,且电场矢量E为y方向。

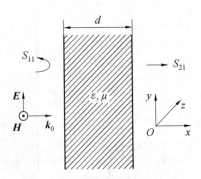

图5.2　平行极化的均匀平面波垂直入射到均匀介质薄板
上,薄板介电常数为ε,磁导率为μ

这是一个典型的分析多层介质与均匀平面波相互作用的问题。首先令图5.2左边的边界位于$x=0$处,那么图5.2右边的边界自然落在$x=d$处,则左右两个边界把整个空间分成三部分,将这三个区域按从左到右的顺序命名为一区、二区和三区。为了解决数学上无法简练表达多次反射波和折射波的难题,将各个区域内的沿$+x$方向传播的多次反射和透射波合并,并定义为E_{ni},表示第n个区域内沿$+x$方向传播的总场;同时,将各个区域内的沿$-x$方向传播的多次反射和透射波合并,并定义为E_{nr},表示第n个区域内沿$-x$方向传播的总场。简化后的模型如图 5.3 所示。

经过上述简化，一区中的电磁波电场和磁场分量分别可以表示为

$$E_{1i} = a_x E_{1i0} e^{-jk_1 x} \tag{5.1}$$

$$H_{1i} = a_z \frac{E_{1i0}}{\eta_1} e^{-jk_1 x} \tag{5.2}$$

$$\boldsymbol{E}_{1r} = \boldsymbol{a}_x E_{1r0} e^{jk_1 x} \tag{5.3}$$

$$H_{1r} = -a_z \frac{E_{1r0}}{\eta_1} e^{jk_1 x} \tag{5.4}$$

式中，E_{1i0} 和 E_{1r0} 分别表征沿 $+x$ 方向和沿 $-x$ 方向传播的电磁波电场的幅值；η_1 为一区媒质的本征波阻抗。

则一区中的总场为

$$E_1 = a_x (E_{1i0} e^{-jk_1 x} + E_{1r0} e^{jk_1 x}) \tag{5.5}$$

$$H_1 = a_z \left(\frac{E_{1i0}}{\eta_1} e^{-jk_1 x} - \frac{E_{1r0}}{\eta_1} e^{jk_1 x} \right) \tag{5.6}$$

同理可得二区中的总场为

$$E_2 = a_x (E_{2i0} e^{-jk_2 x} + E_{2r0} e^{jk_2 x}) \tag{5.7}$$

$$H_2 = a_z \left(\frac{E_{2i0}}{\eta_2} e^{-jk_2 x} - \frac{E_{2r0}}{\eta_2} e^{jk_2 x} \right) \tag{5.8}$$

三区中的总场为

$$E_3 = a_x E_{3i0} e^{-jk_3 x} \tag{5.9}$$

$$H_3 = a_z \frac{E_{3i0}}{\eta_3} e^{-jk_3 x} \tag{5.10}$$

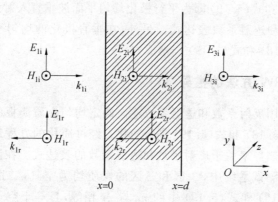

图 5.3　图 5.2 简化后的模型

为了表征反射系数和透射系数，分别在两个分界面处应用电磁场边界条件。通过这种方法，可以建立起各区电场幅值之间的比例关系。首先，在 $x=0$ 处应用边界条件，得到

$$E_{1t} = E_{2t} \Rightarrow E_{1i0} + E_{1r0} = E_{2i0} + E_{2r0} \tag{5.11}$$

$$H_{1t} = H_{2t} \Rightarrow \frac{E_{1i0}}{\eta_1} - \frac{E_{1r0}}{\eta_1} = \frac{E_{2i0}}{\eta_2} - \frac{E_{2r0}}{\eta_2} \tag{5.12}$$

式(5.12)经整理得

$$E_{1i0} - E_{1r0} = \frac{\eta_1}{\eta_2}(E_{2i0} - E_{2r0}) \tag{5.13}$$

然后,在 $x = d$ 处再次应用边界条件,得到

$$E_{1t} = E_{2t} \Rightarrow E_{2i0}\,\mathrm{e}^{-jk_2 d} + E_{2r0}\,\mathrm{e}^{jk_2 d} = E_{3i0}\,\mathrm{e}^{-jk_3 d} \tag{5.14}$$

$$H_{1t} = H_{2t} \Rightarrow \frac{E_{2i0}}{\eta_2}\mathrm{e}^{-jk_2 d} - \frac{E_{2r0}}{\eta_2}\mathrm{e}^{jk_2 d} = \frac{E_{3i0}}{\eta_3}\mathrm{e}^{-jk_3 d} \tag{5.15}$$

经整理得

$$E_{2i0} + E_{2r0}\,\mathrm{e}^{j2k_2 d} = E_{3i0}\,\mathrm{e}^{-j(k_3 - k_2)d} \tag{5.16}$$

$$E_{2i0} - E_{2r0}\,\mathrm{e}^{j2k_2 d} = \frac{\eta_2}{\eta_3}E_{3i0}\,\mathrm{e}^{-j(k_3 - k_2)d} \tag{5.17}$$

联立式(5.11)、式(5.13)、式(5.16)和式(5.17),最终得到反射系数 S_{11} 和透射系数 S_{21},具体表达式为

$$S_{11} = \frac{E_{1r0}}{E_{1i0}} = \frac{(\eta_2 - \eta_1)(\eta_2 + \eta_3)\,\mathrm{e}^{jk_2 d} + (\eta_2 + \eta_1)(\eta_3 - \eta_2)\,\mathrm{e}^{-jk_2 d}}{(\eta_1 + \eta_2)(\eta_2 + \eta_3)\,\mathrm{e}^{jk_2 d} + (\eta_2 - \eta_1)(\eta_3 - \eta_2)\,\mathrm{e}^{-jk_2 d}} \tag{5.18}$$

$$S_{21} = \frac{E_{3i0}\,\mathrm{e}^{-jk_3 d}}{E_{1i0}} = \frac{4\eta_2 \eta_3}{(\eta_1 + \eta_2)(\eta_2 + \eta_3)\,\mathrm{e}^{jk_2 d} + (\eta_2 - \eta_1)(\eta_3 - \eta_2)\,\mathrm{e}^{-jk_2 d}}$$
$$\tag{5.19}$$

式中,η_i 表示不同区间内媒质的本征阻抗;k_i 表示不同区间内均匀平面波的波数。式(5.18)和式(5.19)即为平行极化均匀平面波垂直入射到薄板型均匀介质时的反射系数和透射系数表达式。另外,在垂直极化的均匀平面波垂直入射的条件下,式(5.18)和式(5.19)仍然成立。

5.1.2 NRW 方法的推导

为了便于利用反射系数和透射系数逆向确定均匀介质薄板的介电常数和磁导率,先要对式(5.18)和式(5.19)进行简化。经过简化的方程还有助于逆向推导出介电常数和磁导率关于反射系数和透射系数的表达式。在测量反射系数和透射系数的试验测试系统中,一区和三区的媒质均为空气,二区为待测均匀媒质。这样,式(5.18)和式(5.19)中的 η_1 与 η_3 相等,且等于空气的本征波阻抗 η_0。若将二区内待测媒质的本征波阻抗记为 η,不难得到

$$S_{11} = \frac{\dfrac{\eta - \eta_0}{\eta + \eta_0}(1 - \mathrm{e}^{-j2k_2 d})}{1 - \left(\dfrac{\eta - \eta_0}{\eta + \eta_0}\right)^2 \mathrm{e}^{-j2k_2 d}} \tag{5.20}$$

$$S_{21} = \frac{\left[1 - \left(\dfrac{\eta - \eta_0}{\eta + \eta_0}\right)^2\right] e^{-jk_2 d}}{1 - \left(\dfrac{\eta - \eta_0}{\eta + \eta_0}\right)^2 e^{-j2k_2 d}} \qquad (5.21)$$

根据平面电磁波的基本知识，有

$$R = \frac{\eta - \eta_0}{\eta + \eta_0} \qquad (5.22)$$

$$k_2 = nk_0 \qquad (5.23)$$

式中，R 为 $x = 0$ 分界面处的反射系数；k_0 为真空中的波数，与电磁波的工作频率有关；n 为媒质的折射率，且

$$n = \sqrt{\varepsilon_r \mu_r} \qquad (5.24)$$

另外，媒质的本征阻抗为

$$\eta = \sqrt{\frac{\mu}{\varepsilon}} = \sqrt{\frac{\mu_0 \mu_r}{\varepsilon_0 \varepsilon_r}} \qquad (5.25)$$

5.1.3　中间变量：折射率及波阻抗

在继续推导介电常数 ε 和磁导率 μ 关于 S_{11} 和 S_{21} 的解析表达式之前，先介绍式（5.24）和式（5.25）表征的两个重要的物理量，也就是逆推过程中的中间变量——折射率和波阻抗。

折射率 n 和波阻抗 η 是表征媒质电磁特性的参数。但需要强调的是，二者并不是媒质固有的电磁参数，所以无法通过测量的方法直接得到给定媒质的 n 和 η，这点从式（5.24）和式（5.25）中亦可以看出，它们都是相对介电常数和相对磁导率的函数。因此，可以认为折射率和波阻抗是为了方便描述媒质特定物理现象时引入的非固有电磁参数。

接下来继续 5.1.2 节中的推导。

如果将式（5.24）和式（5.25）直接代入式（5.20）和式（5.21）中，那么后面两个方程将转变成 S_{11} 和 S_{21} 关于 ε 和 μ 的表达式。如果能够根据得到的两个方程推导出相应的反函数，即 ε 和 μ 关于 S_{11} 和 S_{21} 的解析表达式，那么就完成了经典散射参数法的推导。然而，由于方程过于复杂，这个求反函数的过程非常复杂，甚至无法直接完成，因此必须采用折中的办法，即引入逆推中间变量。

首先引入

$$Z = \frac{\eta}{\eta_0} = \sqrt{\frac{\mu_r}{\varepsilon_r}} \qquad (5.26)$$

联立式（5.24）和式（5.26）有

$$\begin{cases} \varepsilon_r = \dfrac{n}{Z} \\ \mu_r = nZ \end{cases} \qquad (5.27)$$

也就是说只要求出 n 和 Z，利用式（5.27）就可以求出介电常数和磁导率。因此，将 n 和 Z 选做散射参数逆推过程的中间变量。

接下来进一步简化求反函数的复杂度，引入新的中间变量，观察式（5.22）和式（5.23），不难得到

$$Z = \frac{\eta}{\eta_0} = \frac{1+R}{1-R} \tag{5.28}$$

$$e^{-jk_2 d} = e^{-jnk_0 d} \tag{5.29}$$

也就是说，只要求出 R 和 $e^{-jk_2 d}$，再利用式（5.28）和式（5.29）就可以求出 Z 和 n。因此，将 R 和 $e^{-jk_2 d}$（或 $e^{-jnk_0 d}$）选作散射参数逆推过程中的第二级中间变量。

将式（5.22）和式（5.23）代入式（5.20）和式（5.21）中，得到

$$S_{11} = \frac{R(1 - e^{-j2nk_0 d})}{1 - R^2 e^{-j2nk_0 d}} \tag{5.30}$$

$$S_{21} = \frac{(1 - R^2)\, e^{-jnk_0 d}}{1 - R^2 e^{-j2nk_0 d}} \tag{5.31}$$

至此，原本复杂的散射参数公式再引入两次中间变量之后得到了充分的简化。此时，利用式（5.30）和式（5.31）不难推导出 R 和 $e^{-jnk_0 d}$ 关于 S_{11} 和 S_{21} 的解析表达式，即

$$Z = \pm \sqrt{\frac{(1 + S_{11})^2 - S_{21}^2}{(1 - S_{11})^2 - S_{21}^2}} \tag{5.32}$$

$$Q = e^{-jnk_0 d} = \frac{S_{21}}{1 - S_{11}(Z-1)(Z+1)^{-1}} \tag{5.33}$$

$$n = \frac{1}{k_0 d}\big[(-\mathrm{Im}[\ln(Q)] + 2m\pi) + j \times \mathrm{Re}[\ln(Q)] \big] \tag{5.34}$$

式中，m 为任意整数，代表对数函数解的不唯一性。

利用上述三个方程就可以逆推出中间变量 n 和 Z，进而确定待测均匀介质的相对介电常数和相对磁导率。

5.1.4　解的唯一性与稳定性

1. 解的唯一性问题

从式（5.32）和式（5.33）中不难看出中间变量 Z 和折射率 n 的不确定性。其中，式（5.32）中归一化波阻抗 Z 的不确定性可通过规定 $\mathrm{Re}[Z] \geqslant 0$ 来解决。然而，对式（5.33）中整数 m 的选择却是一个并不直接的问题。为了更好地说明这个问题，向读者介绍下面这个在本节和后续章节中一直使用的仿真验证实例（benchmark problem）。

首先介绍在本书中频繁使用的一类几何结构简单的薄板型介质混合物。通过在 CST MWS 中建立该结构的模型并进行全波仿真，得到散射参数；再利用仿

真得到的散射参数验证我们提出的各种准动态均一化方法的正确性，同时揭示均一化方法的问题。为减少仿真计算所消耗的时间、提高工作效率，选取建立二维的基准结构。NRW 方法的逆推流程图如图 5.4 所示，本节和后续章节所使用的薄板型介质混合物的几何尺寸和仿真设置如图 5.5 所示。该混合物在 y 方向和 z 方向是无限周期重复的，沿另一方向（x 方向）只有有限的几层单元结构。在该混合物正方形单元的中心存在一个圆盘结构，其相对介电常数为 ε_i；而单元其余空间填充另一种媒质，其相对介电常数记为 ε_e。单元结构的边长为 a，而将圆形内含物面积与整个正方形单元面积的比值记为 p。可以通过在 x 方向上截断无限正方形晶格获得相同的结构。

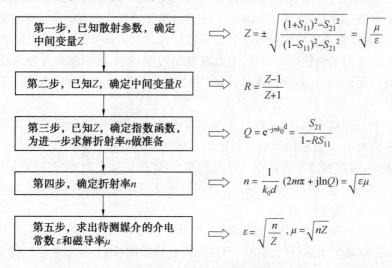

图 5.4　NRW 方法的逆推流程图

第一步，已知散射参数，确定中间变量 Z

$$Z = \pm\sqrt{\frac{(1+S_{11})^2 - S_{21}{}^2}{(1-S_{11})^2 - S_{21}{}^2}} = \sqrt{\frac{\mu}{\varepsilon}}$$

第二步，已知 Z，确定中间变量 R

$$R = \frac{Z-1}{Z+1}$$

第三步，已知 Z，确定指数函数，为进一步求解折射率 n 做准备

$$Q = e^{-jnk_0 d} = \frac{S_{21}}{1 - RS_{11}}$$

第四步，确定折射率 n

$$n = \frac{1}{k_0 d}(2m\pi + j\ln Q) = \sqrt{\varepsilon\mu}$$

第五步，求出待测媒介的介电常数 ε 和磁导率 μ

$$\varepsilon = \sqrt{\frac{n}{Z}},\ \mu = \sqrt{nZ}$$

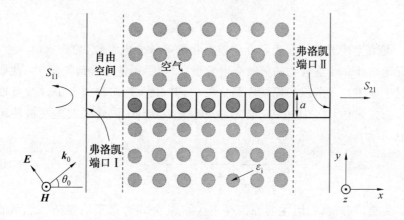

图 5.5　本节和后续章节所使用的薄板型介质混合物的几何尺寸和仿真设置

此外,一个以入射角 θ_0 斜入射的平行极化平面电磁波被选择作为上述结构的电磁激发。这里并不考虑垂直极化的平面电磁波入射的情况,因为垂直极化的平面电磁波的电场垂直于圆形内含物,不会激励出显著的电偶极矩。相邻内含物之间的强相互作用以及有效介电常数仅仅是区域平均结果。

本书通过全波电磁仿真软件 CST 微波工作室(MWS)建立如图 5.5 所示结构的模型。需要注意的是,在微波工作室中,只需要建立高亮部分的区域即可。如图 5.5 所示的半无限大薄板型介质混合物可通过在 y 和 z 方向的四个边界上设置"unit cell(单元)"边界条件来实现,运用 Floquet 端口和进一步改变 y 方向上两个晶胞边界之间的电磁波相位差,即可实现入射角 θ_0 入射到薄板型介质混合物的均匀平面波。此外,在薄板 x 方向上的两侧添加相当于 2 个单元长度的额外真空层,以确保潜在高阶模式经历足够的衰减。在微波工作室中,在整个结构的左右两端分别添加了波导端口,目的是截断整个模型,产生电磁激励并收集反射和透射信号。另外,也在其他商业软件如 COMSOL Multiphysics 软件中完成了同样的研究。

作为一个三维建模仿真工具,CST 微波工作室不能模拟一个真实的二维结构。在这种情况下,z 方向的厚度仅影响仿真所消耗的时间。在不引入额外的误差的前提下,可以尽量减少薄板在 z 方向的厚度(即保证 z 方向的网格划分质量不出现恶化的情况)。因此,通过减少 z 方向的厚度,可以在保证计算精度的前提下,减少仿真所消耗的时间。

在本章的后续章节中,为方便起见,部分图形采用了归一化频率 f/f_{20},根据参考频率 f_{20} 对频率 f 进行归一化。当媒质内的等效波长 λ_{eff} 等于单位长度 a 的 20 倍时,将此时的工作频率定义为 f_{20},即

$$f_{20} = \frac{c}{20\,a\sqrt{\varepsilon_{eff}}} \tag{5.35}$$

式中,c 是真空中光速;ε_{eff} 表示介质混合物的等效介电常数,为待定量。因此,需要合理地估计介质混合物的等效介电常数,以便尽可能准确地给出 f_{20} 的取值。

对于如图 5.5 所示的周期性晶格结构,其(准)静态等效介电常数可以用许多混合公式来估计。其中,二维 Maxwell - Garnett 混合公式是常被使用的一种。但二维 Rayleigh 公式,即

$$\varepsilon_{Ray} = \varepsilon_e + \frac{2p\varepsilon_e}{\dfrac{\varepsilon_i + \varepsilon_e}{\varepsilon_i - \varepsilon_e} - p - \dfrac{\varepsilon_i - \varepsilon_e}{\varepsilon_i + \varepsilon_e}(0.305\,8p^4 + 0.013\,4p^8)} \tag{5.36}$$

可以提供更准确的估计,主要原因是 Rayleigh 公式考虑了的掺杂物之间的相互作用,即 p^4 项和 p^8 项。为了形象地说明二维 Maxwell - Garnett 混合公式和二维 Rayleigh 混合公式之间的差值随内含物相对介电常数 ε_i 和内含物体积填充率

p 的变化规律，将背景材料的相对介电常数设为 1，绘制了图 5.6。不难看出，随着 ε_i 和 p 的增加，内含物之间的距离减小，相当于相邻电偶极矩的耦合加剧，二维 Maxwell—Garnett 混合公式和二维 Rayleigh 混合公式之间的差值也相应增大。因此，对于如图 5.5 所示的薄板型介质混合物，选用二维 Rayleigh 混合公式估计其准静态等效介电常数，并以此计算 f_{20} 的值。

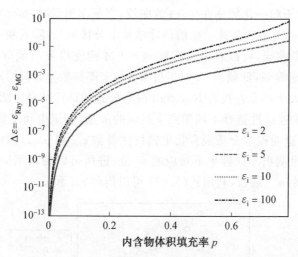

图 5.6　二维 Maxwell－Garnett 混合公式（ε_{MG}）和二维 Rayleigh 混合公式（ε_{Ray}）之间的差值（$\Delta\varepsilon = \varepsilon_{Ray} - \varepsilon_{MG}$）随内含物相对介电常数 ε_i 和内含物体积填充率 p 的变化规律

　　另外，采用归一化频率 f/f_{20} 除可以有效地表征等效介电常数的频率色散特性外，还能方便地给出某频点处等效工作波长和混合物单元尺寸之间的定量关系。例如，当 f_{20} 等于 2 时，混合物单元尺寸 a 近似等于等效波长 λ_{eff} 的 1/10。

　　接下来介绍如何解决式（5.34）中整数 m 取值不唯一的问题。

　　若对如图 5.5 所示模型进行分析，每个频率点对应的 m 并不是一个固定的值。可以利用式（5.34）中 Q 的结果必须连续的性质，将整个频率范围分成多个小段，在前一段 m 已知的情况下，可以利用连续性得到接下来一段的 m 值，从而可以得到连续的折射率 n 曲线。除此之外，又知道本节所研究的对象是假设为无损耗且无磁的，因此 m 的不确定性只能影响折射率的实部部分。后面再提到折射率 n 时，默认为代表折射率 n 的实部。在准静态条件下，可以利用 Rayleigh 混合公式即式（5.36）的估计结果来计算折射率 n。

　　在 CST 微波工作室中建立如图 5.5 所示的模型，并设定薄板厚度 $d=$ 35 mm，薄板距 Floquet 端口的距离 $d_a=20$ mm，背景材料的相对介电常数 $\varepsilon_e=$ 1，圆形内含物的相对介电常数 $\varepsilon_i=10$，内含物的体积填充率 $p=0.3$。同时，设置周期性边界条件，以实现半无限大晶格结构。最后，通过 Floquet 端口激励出垂直入射的平行极化均匀平面波作为电磁激励($\theta_0 = 0$),完成仿真得到相应的 S_{11} 和 S_{21}。可以借助所得的 S 参数,通过推导得到逆推公式,得出薄板型介质混合物的宏观等效电磁特性参数 ε_{eff} 和 μ_{eff}。

为说明 m 取值的不唯一性,令 m 分别等于 -1、0、1、2、3、4,画出不同 m 值下对应的折射率 n 的实部 n' 随频率 f 的变化曲线,如图 5.7 所示。通过图 5.7 可以容易地看出,对于归一化频率在 $0 \sim 1$ 的曲线,当频率很低时,$m = 0$ 时可以得到正确的 n(与 Rayleigh 混合公式给出的估计结果十分接近)。随着频率的增长,为了得到预期的平滑曲线,可以看出只有取 $m = 1$ 才能使得 n 与低频时的曲线 n 连续。可以清楚地看到,低频 $m = 0$ 时折射率 n 的实部与频率升高时 $m = 1$ 对应的折射率 n 的实部大小都非常接近 Rayleigh 混合公式的估计结果。图 5.7 说明可以利用折射率 n 的连续性选择不同频点下对应的 m 值,确定中间变量折射率 n 和归一化波阻抗 Z,进而确定介质混合物电磁特性参数 ε_{eff} 和 μ_{eff}。因此,用这种方法可以较准确地推测出不同频率下对应的 m 值,进而可以利用不同频率下对应的 m 值算出折射率 n。最后,利用式(5.27)可以得到 ε_{eff} 和 μ_{eff}。

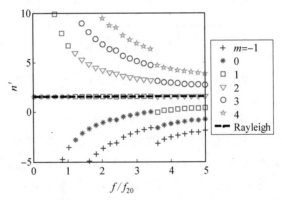

图 5.7 不同 m 值下对应的折射率 n 的实部 n' 随频率 f 的变化曲线

(黑色的虚线代表 Rayleigh 混合公式计算出的折射率 n)

综上所述,在介质混合物等效介电常数的逆推过程中,可以以 Rayleigh 混合公式的计算结果为参考,完成对整数 m 的匹配,最终确定唯一解。

2. 解的稳定性

在分析了散射参数法解的唯一性问题之后,接下来讨论散射参数法在确定介质混合物等效介电常数时的稳定性问题。由于分析的对象是介质混合物,因此可以假设混合物的等效磁导率为 1,即 $\mu_{eff} = 1$,将其称为无磁假设。

通过无磁假设,可以将散射参数法原本要确定的两个变量变成一个,无形中为进行逆推提供了更多的自由度。换句话说,可以通过不同的途径和公式确定介质混合物的等效介电常数。本节主要介绍其中的四种方法。

(1)S_{11} 法。

由于研究对象是无损耗无磁介质，因此提出无磁假设，即 $\mu_{\text{eff}} = 1$。此时，式(5.30)就变成了反射系数 S_{11} 关于等效相对介电常数 ε_{eff} 的函数，且 ε_{eff} 是 S_{11} 的唯一变量，即

$$S_{11} = \frac{R(1 - e^{-j2\sqrt{\varepsilon_{\text{eff}}}kd})}{1 - R^2 e^{-j2\sqrt{\varepsilon_{\text{eff}}}kd}} \qquad (5.37)$$

因此，可以直接用数值的方法反向求解上述方程的根，以确定等效相对介电常数。利用 S_{11} 法逆推出的等效介电常数随归一化频率变化的曲线如图 5.8 所示。从结果可以看出，逆推得到的结果随频率体现出了蜿蜒曲线。由于在准动态的频率范围内进行求解，此时混合物不均匀度的影响应该很小，因此等效介电常数应随频率缓慢单调变化，提示的这种现象不符合物理意义，单独用 S_{11} 进行求解是不稳定的。

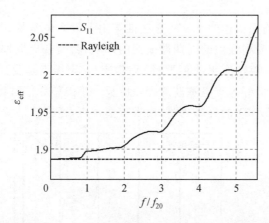

图 5.8　利用 S_{11} 法逆推出的等效介电常数随归一化频率变化的曲线

(2)S_{21} 法。

与 S_{11} 法类似，基于无磁假设 $\mu_{\text{eff}} = 1$，式(5.31)就变成了透射系数 S_{21} 关于等效相对介电常数 ε_{eff} 的函数，且 ε_{eff} 是 S_{21} 的唯一变量，即

$$S_{21} = \frac{(1 - R^2) e^{-j\sqrt{\varepsilon_{\text{eff}}}kd}}{1 - R^2 e^{-j2\sqrt{\varepsilon_{\text{eff}}}kd}} \qquad (5.38)$$

因此，可以直接用数值的方法反向求解上述方程的根，以确定等效相对介电常数。利用 S_{21} 法逆推出的等效介电常数随归一化频率变化的曲线如图 5.9 所示。从结果可以看出，逆推得到的结果随频率缓慢单调变化，因此单独用 S_{21} 进行求解是稳定的。对比图 5.8 和图 5.9，可以发现解的稳定性受 S_{11} 的影响更大一些。而 S_{11} 除了受到内含物大小和介电常数的影响之外，还与边界位置的定义有关，这点将在后续的章节中加以讨论。

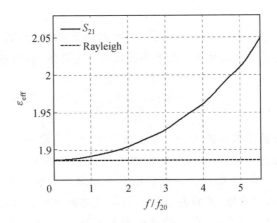

图 5.9   利用 S_{21} 法逆推出的等效介电常数随归一化频率变化的曲线

（3）NRW 法。

还可以利用前面所述的 NRW 方法推导出等效介电常数，如图 5.10 所示。可以看出，逆推的受到强烈的周期性谐振的影响，将这些周期性出现的谐振点称为 Fabry－Pérot 式（法布里－佩罗特）谐振点，该谐振点是受到薄板的有限厚度影响，当薄板厚度恰好等于电磁波的等效波长一半的整数倍时，反射系数为 0，透射系数为 1。式（5.32）的分母为零，出现数值奇点，逆推结果就变得不稳定。

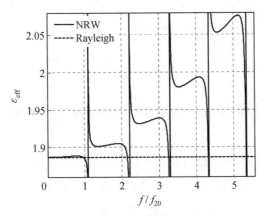

图 5.10   NRW 法得到的等效介电常数

但需要指出的是，Fabry － Pérot 式谐振对于逆推结果的影响应该是窄带的。而从图 5.10 中可以观察到谐振对于逆推结果的影响是宽带的，且每个谐振频点之后的介电常数值较之谐振频点之前的值存在明显的跳跃。如前所述，这种跳跃在准动态频率范围内是不符合物理意义的。因此，NRW 方法在逆推介质混合物等效介电常数的过程中存在一定的缺陷，需要进行修正。

（4）z^2 法。

最后介绍其他的逆推方法，如 z^2 法。基于无磁假设，可以利用 $\varepsilon_{\text{eff}} = 1/z^2$ 来计算介质混合物的等效介电常数，得到的结果如图 5.11 所示。从图中可以看出有明显的谐振，且谐振有别于正常的谐振。首先，图中显示的谐振为介电常数值，在谐振点之前先减小，在谐振点之后再增加（称为反常谐振）。然而，正常符合物理意义的谐振为物理量在谐振频点之前先增加，在谐振频点之后再减小的过程（称为正常色散）。除此之外，通常谐振为窄带影响，而上述图像中展示的谐振呈现出宽带影响，且谐振频点前后有明显的阶跃，而非连续。也就是说，法布里－佩罗特谐振的存在使理论结果产生了一定程度的失真。

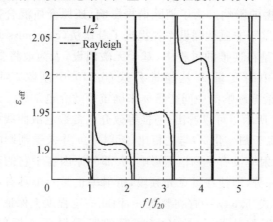

图 5.11　利用 $\varepsilon_{\text{eff}} = 1/z^2$ 计算等效介电常数的结果

5.2　改进型散射参数逆推法

本节着重依据前面章节介绍的传统 NRW 方法的缺点（解的不稳定性等）介绍几种改进型散射参数逆推法。

5.2.1　Fabry－Pérot 谐振和基于无磁假设的补偿法

当利用散射参数法逆向计算无损或低损耗有限厚度介质混合物时，逆推的结果将严重受到法布里－佩罗特谐振的影响。窄带法布里－佩罗特谐振本身是符合物理意义的。当介质板的厚度是等效半波长的整数倍时，法布里－佩罗特谐振就会出现。在这些情况下，从介质板的前后两个边界的两次反射会相互抵消，从而有 $S_{11} = 0$。因此，根据式（5.32），归一化波阻抗 Z 是奇异的，所以法布里－佩罗特谐振出现的原因实际上是归一化波阻抗 Z 的定义对混合物不能严格成立。当利用 NRW 方法确定均匀媒质的等效介电常数时,法布里－佩罗特谐振同样存在,但对结果的影响只限制在一个很窄的频带内。如果将待测均匀介质替换成我们感兴趣的介质混合物,从如图 5.10 所示的结果中不难发现法布里－佩罗特谐振对逆推结果产生了严重的宽频带影响,而且在谐振频点前后等效介电常数表现出明显的阶跃,并出现了明显的不连续,这样的结果限制了逆推结果的实际应用价值。由于此时单元的尺寸并不远小于等效波长,因此诸多因素(如边界层效应和空间色散)都会影响均匀模型的精度,从而影响基于该均匀介质模型的传统 NRW 方法的准确性。

然而,逆向计算出的折射率体现出合乎物理意义的频率色散特性且不受法布里－佩罗特谐振的影响。为了消除谐振影响,还原介质混合物固有的等效介电常数,本课题组基于非磁性假设率先提出了补偿法(compensation method)。

所谓补偿法,是在逆推的过程中,基于无磁假设,人为地将受到法布里－佩罗特谐振影响的中间变量 Z 从逆推公式(5.27)中剔除,而只利用不受到法布里－佩罗特谐振影响的中间变量 n 来确定等效介电常数。这样做的根据如图 5.12 和图 5.13 所示。可以看出,逆推等效介电常数色散曲线中的法布里－佩罗特谐振实际上源于归一化 Z,与之相比,折射率 n 并未受到影响。需要强调的一点是,之所以折射率没有受到谐振影响,大部分原因在于它的定义广泛适用于电磁频谱的各个部分,即使在可见光频段,折射率也是一个具有严格物理意义的概念。另外,由于式(5.34)中存在整数 m,因此一定程度上保证了折射率色散曲线的平滑。可以近似认为,m 在不同频段的匹配保证了折射率色散曲线的平滑。

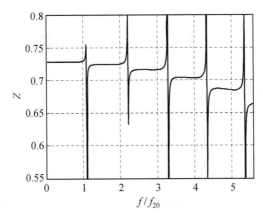

图 5.12　归一化波阻抗 Z 随频率变化的曲线

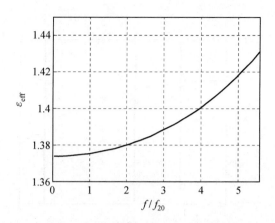

图 5.13　折射率 n 随频率变化的曲线

在非磁假设($\mu_{eff}=1$)的条件下,利用 $\varepsilon_{eff}=n^2$ 计算等效介电常数,得到的结果如图 5.14 所示。经补偿后的介电常数色散曲线呈现出平滑的关于频率的近似二阶多项式曲线。在低频段,逆推出的介电常数(实线)与 Rayleigh 混合公式估计的结果(虚线)基本吻合。随着频率的不断升高,薄板型混合物的等效介电常数不仅体现出频率色散特性,而且随着频率的升高,等效介电常数色散曲线与 Rayleigh 基线的偏离程度逐渐增大。这是因为随着频率的升高,圆形内含物的偶极子效应逐渐增强,相邻电偶极矩之间的影响也越发显著。这些微观的变化的宏观体现就是混合物的等效介电常数随频率逐渐升高。

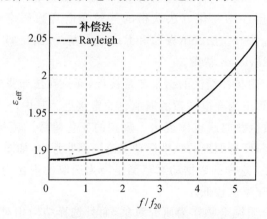

图 5.14　利用补偿法 $\varepsilon_{eff}=n^2$ 计算的等效介电常数

值得指出的是,补偿法虽然可以有效地消除法布里－佩罗特谐振的宽带影响,但也不可避免地将误差引入到逆推出的等效特性参数中。如图 5.15 所示为由经典 NRW 方法逆推出的等效磁导率随频率变化的曲线。可以看出,逆推出的等效磁导率并不为 1,而且随着频率的升高,等效磁导率逐渐减小,与 $\mu=1$ 的基线逐渐偏离。

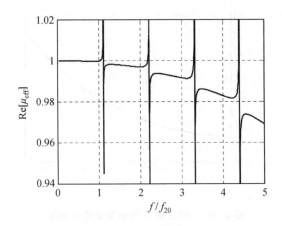

图 5.15   由经典 NRW 方法逆推出的等效磁导率随频率变化的曲线

电磁均一化的一个重要目的是简化分析,用更少的参数来描述实际混合物的宏观电磁响应。但是,所建立的均一化模型必须能够近似的描述实际混合物的宏观电磁响应,否则,任何均一化都是无效的。因此,这里介绍的基于无磁假设的补偿法虽然可以恢复等效介电常数的色散曲线,但随着频率的升高也逐渐失去物理意义。正是基于这点,我们有了新的动力去深入研究新的均一化模型和相应的均一化方法。后续章节中会逐一介绍在这些方面的研究成果。

在开始新章节之前,将本节所介绍的所有方法进行对比。如图 5.16 和图 5.17 所示为使用各均一化方法获得的等效介电常数频率色散曲线对比。图 5.16 对比了 S_{11} 法、S_{21} 法、NRW 法和 Rayleigh 基线;图 5.17 则对比了 S_{11} 法、S_{21} 法、补偿法和 Rayleigh 基线。

不难发现,S_{21} 法和补偿法的结果非常接近,而且在法布里－佩罗特谐振频点附近,各方法计算出的介电常数的取值也非常接近。其中,S_{11} 法最不稳定,计算所得的介电常数色散曲线也体现出不规则的变化趋势。值得说明的一点是,读者可能会注意到,所有图形的纵坐标动态范围都非常小,如图 5.17 中纵坐标在 $1.24 \sim 1.29$ 变化。这样的数据动态范围是因为选取的内含物相对介电常数较小,而且其体积填充率也较低。

之所以选取介质混合物作为研究对象,而且选择结构相对简单的周期性晶格结构,主要原因是在静态场条件下可以精确计算出该结构的等效介电常数。虽然需要在准动态的频率范围内进行电磁均一化,但是由于频率仍然较低,偶极子效应不十分显著,因此可以利用静态结果合理的推断出该结构等效介电常数的频率色散特性。这样,可以排除很多未知的因素,专注于分析均一化模型和相应均一化方法的问题,首先将传统 NRW 方法扩展到均匀平面波斜入射的情形。

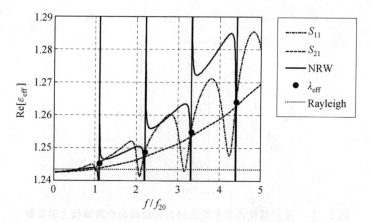

图 5.16　S_{11} 法、S_{21} 法、NRW 法和 Rayleigh 基线获得的等效介电
常数色散曲线对比（见彩图）

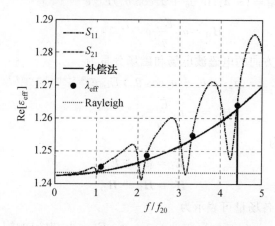

图 5.17　S_{11} 法、S_{21} 法、补偿法和 Rayleigh 基线
获得的等效介电常数色散曲线对比
（见彩图）

5.2.2　平面电磁波与均匀介质薄板的相互作用：斜入射

先来分析如图 5.18 所示的平行极化均匀平面波以入射角 θ_0 入射到薄板型均匀介质板时的反射和透射情况。同样，介质板在 x 方向上的厚度为 d，在 y 和 z 方向无限大；薄板介电常数为 ε，磁导率为 μ。

在 5.1.1 节的基础上，继续分析斜入射条件下电磁波的反射和折射情况，即在公式推导过程中，考虑到 θ_0 的存在。

一区中入射方向的电磁波电场和磁场分量可以分别表示为

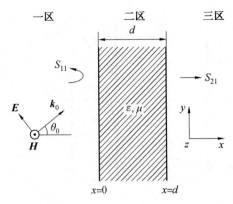

$$\text{图 5.18 平行极化均匀平面波斜入射到均匀介质薄板上的反射}$$
$$\text{和透射情况}$$

$$\boldsymbol{E}_{1i} = (-\boldsymbol{a}_x \sin\theta_0 + \boldsymbol{a}_y \cos\theta_0) E_{1i0} e^{-jk_0(x\cos\theta_0 + y\sin\theta_0)} \tag{5.39}$$

$$\boldsymbol{H}_{1i} = \boldsymbol{a}_z \frac{E_{1i0}}{\eta_0} e^{-jk_0(x\cos\theta_0 + y\sin\theta_0)} \tag{5.40}$$

另外,一区中反射方向的电磁波电场和磁场分量为

$$\boldsymbol{E}_{1r} = (\boldsymbol{a}_x \sin\theta_0 + \boldsymbol{a}_y \cos\theta_0) E_{1r0} e^{-jk_0(-x\cos\theta_0 + y\sin\theta_0)} \tag{5.41}$$

$$\boldsymbol{H}_{1r} = -\boldsymbol{a}_z \frac{E_{1r0}}{\eta_0} e^{-jk_0(-x\cos\theta_0 + y\sin\theta_0)} \tag{5.42}$$

则一区中的总场为

$$\boldsymbol{E}_1 = \boldsymbol{E}_{1i} + \boldsymbol{E}_{1r} \tag{5.43}$$

$$\boldsymbol{H}_1 = \boldsymbol{H}_{1i} + \boldsymbol{H}_{1r} \tag{5.44}$$

同理,二区中各场量可表示为

$$\boldsymbol{E}_{2i} = (-\boldsymbol{a}_x \sin\theta_1 + \boldsymbol{a}_y \cos\theta_1) E_{2i0} e^{-jk_1(x\cos\theta_1 + y\sin\theta_1)} \tag{5.45}$$

$$\boldsymbol{H}_{2i} = \boldsymbol{a}_z \frac{E_{2i0}}{\eta_1} e^{-jk_1(x\cos\theta_1 + y\sin\theta_1)} \tag{5.46}$$

$$\boldsymbol{E}_{2r} = (\boldsymbol{a}_x \sin\theta_1 + \boldsymbol{a}_y \cos\theta_1) E_{2r0} e^{-jk_1(-x\cos\theta_1 + y\sin\theta_1)} \tag{5.47}$$

$$\boldsymbol{H}_{2r} = -\boldsymbol{a}_z \frac{E_{2r0}}{\eta_1} e^{-jk_1(-x\cos\theta_1 + y\sin\theta_1)} \tag{5.48}$$

则二区中的总场为

$$\boldsymbol{E}_2 = \boldsymbol{E}_{2i} + \boldsymbol{E}_{2r} \tag{5.49}$$

三区中的各场量及总场的表达式为

$$\boldsymbol{E}_3 = (-\boldsymbol{a}_x \sin\theta_0 + \boldsymbol{a}_y \cos\theta_0) E_{3i0} e^{-jk_0(x\cos\theta_0 + y\sin\theta_0)} \tag{5.50}$$

$$\boldsymbol{H}_3 = \boldsymbol{a}_z \frac{E_{3i0}}{\eta_0} e^{-jk_0(x\cos\theta_0 + y\sin\theta_0)} \tag{5.51}$$

为了表征反射系数和透射系数,分别在两个分界面处应用电磁场边界条

件。通过这种方法，可以建立起各区电场幅值之间的比例关系。在 $x=0$ 处应用边界条件，得到

$$E_{1y}=E_{2y} \Rightarrow E_{1i0}+E_{1r0}=(E_{2i0}+E_{2r0})\frac{\cos\theta_1}{\cos\theta_0}\mathrm{e}^{-\mathrm{j}y(k_1\sin\theta_1-k_0\sin\theta_0)} \qquad (5.52)$$

$$H_{1z}=H_{2z} \Rightarrow E_{1i0}-E_{1r0}=(E_{2i0}-E_{2r0})\frac{\eta_0}{\eta_1}\mathrm{e}^{-\mathrm{j}y(k_1\sin\theta_1-k_0\sin\theta_0)} \qquad (5.53)$$

在 $x=d$ 处再次应用边界条件，得到

$$E_{2i0}\mathrm{e}^{-\mathrm{j}k_1 d\cos\theta_1}+E_{2r0}\mathrm{e}^{\mathrm{j}k_1 d\cos\theta_1}=\frac{\cos\theta_0}{\cos\theta_1}E_{3i0}\mathrm{e}^{-\mathrm{j}k_0(d\cos\theta_0+y\sin\theta_0)}\mathrm{e}^{\mathrm{j}k_1 y\sin\theta_1} \qquad (5.54)$$

$$E_{2i0}\mathrm{e}^{-\mathrm{j}k_1 d\cos\theta_1}-E_{2r0}\mathrm{e}^{-\mathrm{j}k_1 d\cos\theta_1}=\frac{\eta_1}{\eta_0}E_{3i0}\mathrm{e}^{-\mathrm{j}k_0(d\cos\theta_0+y\sin\theta_0)}\mathrm{e}^{\mathrm{j}k_1 y\sin\theta_1} \qquad (5.55)$$

联立式(5.52)、式(5.53)、式(5.54)和式(5.55)，如果定义

$$R=\frac{\dfrac{\eta_1}{\eta_0}-\dfrac{\cos\theta_0}{\cos\theta_1}}{\dfrac{\eta_1}{\eta_0}+\dfrac{\cos\theta_0}{\cos\theta_1}} \qquad (5.56)$$

则最终得到散射参数的表达式为

$$S_{11}=\frac{R(1-\mathrm{e}^{-\mathrm{j}2k_1 d\cos\theta_1})}{1-R^2\mathrm{e}^{-\mathrm{j}2k_1 d\cos\theta_1}} \qquad (5.57)$$

$$S_{21}=\frac{(1-R^2)\mathrm{e}^{-\mathrm{j}k_1 d\cos\theta_1}}{1-R^2\mathrm{e}^{-\mathrm{j}2k_1 d\cos\theta_1}} \qquad (5.58)$$

式(5.57)和式(5.58)即为平行极化均匀平面波垂直入射到薄板型均匀介质时的反射系数和透射系数表达式。

通过对比式(5.57)、式(5.58)、式(5.30)和式(5.31)，不难发现通过引入广义折射率 n' 和广义归一化波阻抗 Z'，即

$$n'=n\cos\theta_1 \qquad (5.59)$$

$$Z'=Z\frac{\cos\theta_1}{\cos\theta_0} \qquad (5.60)$$

式(5.57)与式(5.30)形式上完全相同，而式(5.58)与式(5.31)亦然。那么式(5.32)、式(5.33)和式(5.34)依然成立，即

$$Z'=\pm\sqrt{\frac{(1+S_{11})^2-S_{21}^2}{(1-S_{11})^2-S_{21}^2}} \qquad (5.61)$$

$$Q'=\mathrm{e}^{-\mathrm{j}n'k_0 d}=\frac{S_{21}}{1-S_{11}(Z'-1)(Z'+1)^{-1}} \qquad (5.62)$$

$$n'=\frac{1}{k_0 d}\{[-\mathrm{Im}[\ln(Q')]+2m\pi]+\mathrm{j}\times\mathrm{Re}[\ln(Q')]\} \qquad (5.63)$$

由上面三个式子可以确定中间变量广义折射率 n' 和广义归一化波阻抗 Z'。

下面需要通过式(5.59)和式(5.60)来逆向确定介电常数和磁导率。经过简

单的推导,有

$$\varepsilon = \frac{n'}{Z' \cos \theta_0} \tag{5.64}$$

$$\mu = \frac{n' Z' \cos \theta_0}{\cos^2 \theta_1} \tag{5.65}$$

根据斯奈尔定律有

$$\frac{\sin \theta_0}{\sin \theta_1} = n \tag{5.66}$$

则式(5.65)变为

$$\varepsilon \mu = n'^2 + \sin^2 \theta_0 \tag{5.67}$$

这样,可以先通过式(5.64)确定(等效)介电常数,再通过式(5.67)确定(等效)磁导率。

同样,由式(5.64)和式(5.67)得到的等效介电常数色散曲线会受到法布里-佩罗特谐振的影响。为了消除这一影响,基于无磁假设,进一步提出适用于平面电磁波斜入射的补偿法。将磁导率设为1,即$\mu = 1$,代入式(5.67)中,不难得出

$$\varepsilon = n'^2 + \sin^2 \theta_0 \tag{5.68}$$

观察式(5.68)可以看出,在计算等效介电常数的过程中没有引入广义归一化波阻抗Z',因此没有将法布里-佩罗特谐振的影响引入等效介电常数色散曲线中。如图5.19所示为均匀平面波以不同入射角度斜入射到介质混合物薄板时,利用式(5.64)和式(5.67)以及补偿法式(5.68)计算出的等效介电常数的频率色散曲线。不难发现,由式(5.64)和式(5.67)得到的曲线受到法布里-佩罗特谐振的影响明显,而补偿法能够很好地消除这种影响,从而得到平滑的色散曲线。另外,可以看出两种方法得到的色散曲线在低频段收敛在一起,并与Rayleigh的静态估计值非常吻合。但是随着频率的增加,特别是接近法布里-佩罗特谐振频点,两条色散曲线之间的差值逐渐增大。最后,如果关注在不同入射角度时逆推出的色散曲线,那么在低频段各条曲线收敛在一起并趋向Rayleigh的估计结果。注意在静态场条件下,各色散曲线的值略大于Rayleigh的估计结果。随着频率的增加,各曲线不仅逐渐偏离Rayleigh基线,意味着等效介电常数逐渐增大,而且各曲线也不再重合。随着频率的升高,各曲线间的偏离程度也在加大。随着入射角的增加,等效介电常数在逐渐减小,表明介电常数沿坐标轴的不同分量大小不一,且沿x方向的介电常数略低于y方向的介电常数。这一现象揭示了可以用各向异性均一化模型来代替均匀介质模型,详细讨论见5.2.3节。

(1)斜入射补偿法(both scattering compensation method,BSCM)可以在

斜入射条件下合理的恢复薄板性介质混合物的等效介电常数的色散曲线。在很低的频率,逆推得到的介电常数收敛到一个略大于静态瑞利估计值的值,随着频率不断增加,所有的结果逐渐升高,并逐渐偏离于静态瑞利的估计值,这种现象就是由空间色散(spatial dispersion)产生的。电磁波斜入射时 BSCM 法和 S_{21} 法逆推的介电常数色散曲线(低频段)如图 5.20 所示。

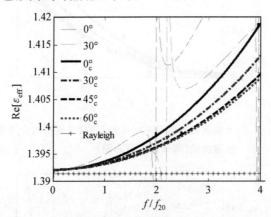

图 5.19 通过数值例子比较电磁波斜入射时散射参数逆推介电常数色散曲线(见彩图)

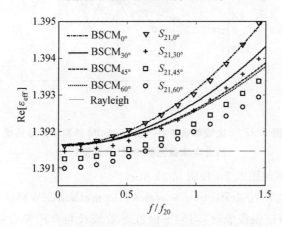

图 5.20 电磁波斜入射时 BSCM 法和 S_{21} 法逆推的介电常数色散曲线(低频段)(见彩图)

(2)与垂直入射的情况相同,基于无磁假设,可以单独利用式(5.57)或式(5.58)来逆向求解等效介电常数。但由图 5.21 和图 5.22 可知,S_{11} 法和 S_{21} 法的性能取决于入射角。入射角越大,S_{11} 法的稳定性变差;相反,S_{21} 法的稳定性增强。

(3)在较宽的动态范围内比较,S_{21} 法的逆推结果与 BSCM 的结果相近,但仍

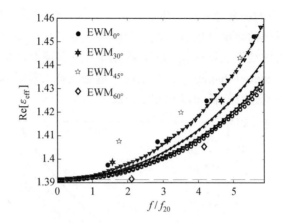

图 5.21　电磁波斜入射 BSCM 法和 EWM 法逆推的介电常数
色散曲线（高频段）（见彩图）

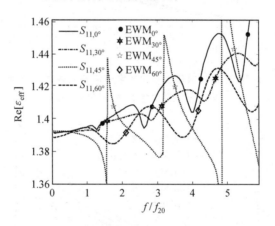

图 5.22　比较电磁波斜入射时 BSCM 法和 S_{11} 法逆推
的介电常数色散曲线（见彩图）

存在较小的误差，如图 5.20 和图 5.21 所示。

（4）等效波长法（effective wavelength method，EWM）就是利用发生
法布里－佩罗特谐振现象时，均匀平面波等效波长与介质混合物厚度之间的关
系来确定该频点的等效介电常数的一种方法。可以看出，该方法的准确性和稳
定性与 S_{11} 法十分接近。

5.2.3　各向异性模型与空间色散

先来分析如图 5.23 所示的平行极化均匀平面波以入射角 θ_0 入射到薄板型
各向异性介质板时的反射和透射情况。介质板在 x 方向上的厚度为 d，在 y 和 z
方向无限大，薄板介电常数为 ε，磁导率为 μ。特别注意的是，由于我们关心的是

二维结构，因此介电常数可记为 $(\varepsilon_x, \varepsilon_z)$。

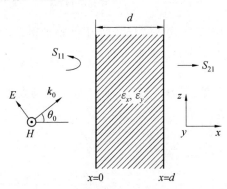

图 5.23　平行极化均匀平面波斜入射到均匀各向异性介质薄板上时的反射和透射情况

整个分析过程与 5.2.2 节类似，最终得到

$$S_{11} = \frac{R(1 - e^{-j2k_1 d\cos\theta_1})}{1 - R^2 e^{-j2k_1 d\cos\theta_1}} \tag{5.69}$$

$$S_{21} = \frac{(1 - R^2) e^{-jk_1 d\cos\theta_1}}{1 - R^2 e^{-j2k_1 d\cos\theta_1}} \tag{5.70}$$

其中

$$R = \frac{k_1 \cos\theta_1 - \varepsilon_y k_0 \cos\theta_0}{k_1 \cos\theta_1 + \varepsilon_y k_0 \cos\theta_0} \tag{5.71}$$

下面分析在各向异性薄板中，电磁波波数 k_1 和折射角 θ_1 的表达式。由全电流定律即式(2.27)得

$$\nabla \times \boldsymbol{H} = j\omega \bar{\bar{\varepsilon}} \boldsymbol{E} \tag{5.72}$$

将式(5.72)在直角坐标系展开，有

$$\frac{\partial H_y}{\partial x} = j\omega \varepsilon_z E_z \tag{5.73}$$

$$\frac{\partial H_y}{\partial z} = -j\omega \varepsilon_x E_x \tag{5.74}$$

经整理得

$$\frac{\partial E_z}{\partial x} = \frac{\partial^2 H_y}{\partial x^2} \frac{1}{j\omega \varepsilon_z} \tag{5.75}$$

$$\frac{\partial E_x}{\partial z} = \frac{\partial^2 H_y}{\partial z^2} \frac{j}{\omega \varepsilon_x} \tag{5.76}$$

另外，由法拉第电磁感应定律即式(2.28)得

$$\nabla \times \boldsymbol{E} = -j\omega\mu \boldsymbol{H} \tag{5.77}$$

将式(5.77)在直角坐标系下展开，得

$$\frac{\partial E_x}{\partial z} - \frac{\partial E_z}{\partial x} = \mathrm{j}\omega\mu H_y \tag{5.78}$$

将式(5.76)和式(5.77)代入式(5.78)中并整理得

$$\frac{1}{\varepsilon_x}\frac{\partial^2 H_y}{\partial z^2} + \frac{1}{\varepsilon_z}\frac{\partial^2 H_y}{\partial x^2} + \omega^2\mu H_y = 0 \tag{5.79}$$

对于平行极化电磁波,有 $\boldsymbol{H}_y = \boldsymbol{H}_0\,\mathrm{e}^{-\mathrm{j}k_x x - \mathrm{j}k_z z}$,将磁场表达式代入式(5.79)中,并令媒质相对磁导率为1,有

$$\frac{k_x^2}{\varepsilon_z} + \frac{k_z^2}{\varepsilon_x} = \frac{\omega^2}{c^2} \tag{5.80}$$

或者

$$\frac{k_1^2\cos^2\theta_1}{\varepsilon_y} + \frac{k_1^2\sin^2\theta_1}{\varepsilon_x} = \frac{\omega^2}{c^2} \tag{5.81}$$

则各向异性媒质中的电磁波波数 k_1 为

$$k_1 = \frac{\omega}{c}\sqrt{\frac{\varepsilon_x\varepsilon_z}{\varepsilon_x\cos^2\theta_1 + \varepsilon_z\sin^2\theta_1}} \tag{5.82}$$

根据理想介质分界面(真空和各向异性媒质分界面)处相位连续的条件,即 $k_{z1} = k_{z2}$,有

$$\frac{\omega}{c}\sqrt{\frac{\varepsilon_x\varepsilon_z}{\varepsilon_x\cos^2\theta_1 + \varepsilon_z\sin^2\theta_1}}\sin\theta_1 = \frac{\omega}{c}\sin\theta_0 \tag{5.83}$$

经整理得

$$\sin\theta_1 = \sqrt{\frac{\varepsilon_x\sin^2\theta_0}{\varepsilon_x\varepsilon_z - (\varepsilon_z - \varepsilon_x)\sin^2\theta_0}} \tag{5.84}$$

为了利用前面推导出的逆推公式,即式(5.32)、式(5.33)和式(5.34),首先观察式(5.69)和式(5.70),并为各向异性媒质引入广义折射率 n',即

$$n' = \sqrt{\frac{\varepsilon_x\varepsilon_z}{\varepsilon_x\cos^2\theta_1 + \varepsilon_z\sin^2\theta_1}}\cos\theta_1 \tag{5.85}$$

另外,通过观察式(5.71)为各向异性媒质继续引入广义归一化波阻抗 Z',即

$$Z' = \sqrt{\frac{\varepsilon_x\varepsilon_z}{\varepsilon_x\cos^2\theta_1 + \varepsilon_z\sin^2\theta_1}}\frac{\cos\theta_1}{\varepsilon_z\cos\theta_0} \tag{5.86}$$

接下来需要找到通过 n' 和 Z' 确定 ε_x 和 ε_y 的表达式。将式(5.85)和式(5.86)联立并整理,最终得到

$$\varepsilon_z = \frac{n'}{z'\cos\theta_0} \tag{5.87}$$

$$\varepsilon_x = \frac{\sin^2\theta_0}{1 - n'z'\cos\theta_0} = \frac{\varepsilon_y\sin^2\theta_0}{\varepsilon_y - n'^2} \tag{5.88}$$

确定各向异性模型等效电磁特性参数的一个直接方法是通过式(5.87)和式

(5.88)来计算介电常数在 x 和 z 方向的分量。然而，逆推结果严重受到法布里—佩罗特谐振的影响，并显示出不符合物理意义的色散曲线，如图 5.24 所示。

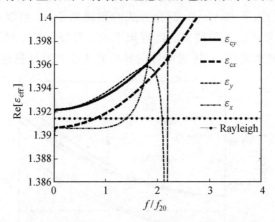

图 5.24　数值例子：由方法一获得的各向异性模型的等效介电常数

另外，由于在均匀平面波垂直入射的条件下，各向异性模型可以等效为均匀介质模型，因此导致该各向异性模型中的特性参数 ε_z 等于均匀介质模型的特性参数 $\varepsilon_{eff}(\theta_0=0°)$。假定模型参数与电磁波的入射角度无关，$\varepsilon_z$ 将保持其取值不变，即等于 $\varepsilon_{eff}(\theta_0=0°)$。然后，可以使用式(5.88)计算不同入射角度 θ_0 下的 ε_x。图 5.25 表明：一方面，逆推出的 ε_x 随频率增加而减小，违反了因果关系；另一方面，ε_x 的取值会随着 θ_0 的改变而变化，这与之前的假设矛盾。

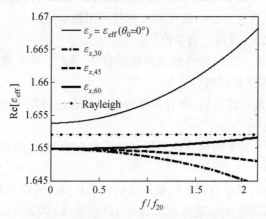

图 5.25　数值例子：由方法二获得的各向异性模型的等效介电常数

最后，通过仔细对比式(5.87)和式(5.64)，发现各向异性模型中的特性参数 ε_z 和未补偿的均匀介质模型的特性参数 ε_{eff} 具有相同的形式。于是就能想到，可以让不同入射角条件下的 $\varepsilon_z(\theta_0)$ 等于经由补偿法修复的相同入射角条件下均匀媒质模型的特性参数 $\varepsilon_{eff}(\theta_0)$。然后，用式(5.88)计算不同的入射角度 θ_0 下的

ε_x。图 5.26 绘制了电磁波以不同入射角度照射介质薄板时，ε_x 和 ε_y 的频率色散曲线。可以看出，在低频段，两条色散曲线分别收敛于两个不同的值。其中，ε_y 色散曲线的收敛值大于 Rayleigh 混合公式的预测结果；ε_x 色散曲线的收敛值小于 Rayleigh 混合公式的预测结果。随着频率的上升，ε_x 和 ε_y 对于电磁波入射角度的依赖性变得越来越明显，这表明各向异性并不能有效地描述空间色散。

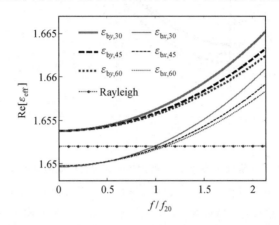

图 5.26　数值例子：由方法三获得的不同入射角度时各向异性模型的等效介电常数

5.2.4　层式结构模型的散射参数逆推技巧

基于利用场均一化法得到的一些结论，提出了层式结构均一化模型，目的是进一步提高散射参数逆推法的精度和拓宽其可用频率范围。

利用场均一化法，得到下列结论。

（1）对于如图 5.5 所示的薄板型介质混合物，其左右两个最外边界层的介电常数 ε_{b1} 和 ε_{b2} 是大致相同的。

（2）除了两个最外边界层，所有其他内层都具有相同等效相对介电常数 ε_m。

（3）ε_{b1} 和 ε_{b2} 比 ε_m 大。

（4）对于两个具有不同层数的薄板型介质混合物，它们的最外边界层的介电常数大致相同。

如图 5.27 所示，对于具有 5 层单元结构的薄板型介质混合物，其左右两个最外边界层具有近似相等的等效介电常数 ε_{b1}（红色虚线）和 ε_{b2}（蓝色虚线）。同时，可以发现具有 2 层单元结构的薄板型介质混合物的等效介电常数 ε_{eff} 的色散曲线（黑色实线）与 ε_{b1} 和 ε_b 的色散曲线吻合得很好。绘制这些曲线所用到的数据都是通过场均一化法获得的，利用了电磁全波仿真软件 Comsol Multi-physics 完成仿真。

为了更好地理解，这里说明最外边界层与中间层的区别。在有限厚度方向上,最外边界层只有一个相邻的单元结构,而中间层都有两个相邻的单元结构。具有 2 层单元结构的薄板型介质混合物结构十分特殊,因为组成薄板的两个单元都是最外边界层,且薄板只有两层,这意味着薄板混合物的等效介电常数应等于每个边界层的等效介电常数。

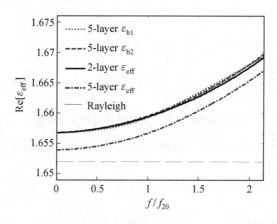

图 5.27　含有 5 层单元的薄板型混合物与只含有 2 层
单元的混合物等效介电常数色散曲线的关系
(见彩图)

由场均一化方法可以确定不同层数薄板型混合物各层的等效介电常数。一个重要结论是:对于不同层数的混合物,两个最外边界层具有近似相等的等效介电常数。回到图 5.27 中,不难发现,虽然 ε_{b1}、ε_{b2} 和 2 层薄板型介质混合物的等效介电常数 ε_{eff} 存在较小的差别,但与 5 层薄板型介质混合物的等效介电常数 ε_{eff} 相比,这些差异大致可以忽略不计。

于是,可以通过计算具有两层单元结构的薄板型介质混合物的等效介电常数来确定层式结构中边界层的电色散特性 ε_b,将这种方法称为两层方法(two layer method)。

如图 5.28 所示,平行极化的均匀平面波斜入射到分层媒质,半无限大薄板在 x 方向的厚度为 d,在 y 和 z 方向无限大,均匀平面波的入射角记为 θ_0。当已知边界层的等效介电常数 ε_b 后,可以在前向传输矩阵公式的基础上,通过数值的方法逆向求解出中间层的等效介电常数。下面来推导传输矩阵。

对于具有 t 层结构的层式媒质,共有 $t+1$ 个边界将整个空间分成 $t+2$ 个区域。假设每一层媒质都是各向异性的,且介电常数可表示为 $\varepsilon_{i,x}$ 和 $\varepsilon_{i,y}$(其中 $i=0,1,2,\cdots,t$),则由传输矩阵得出

$$\begin{bmatrix} S_{21}\,\mathrm{e}^{jk_0\,d\cos\theta_0} \\ 0 \end{bmatrix} = D_{(t+1)t}D_{t(t-1)}\cdots D_{(i+1)i}\cdots D_{10}\begin{bmatrix} 1 \\ S_{11} \end{bmatrix} \tag{5.89}$$

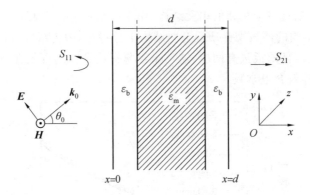

图 5.28　平行极化的均匀平面波斜入射到分层媒质

式中,k_0 和 θ_0 分别代表区域 0 内平面电磁波的波数和入射角度;d 是层式结构沿 x 方向的总厚度。

而式(5.89)中的传输矩阵 $\boldsymbol{D}_{(i+1)i}$ 可以表示为

$$\boldsymbol{D}_{(i+1)i} = w \cdot \begin{bmatrix} e^{jd_i(k_{i+1}\cos\theta_{i+1}-k_i\cos\theta_i)} & R_{(i+1)i}e^{jd_i(k_{i+1}\cos\theta_{i+1}+k_i\cos\theta_i)} \\ R_{(i+1)i}e^{-jd_i(k_{i+1}\cos\theta_{i+1}+k_i\cos\theta_i)} & e^{-jd_i(k_{i+1}\cos\theta_{i+1}-k_i\cos\theta_i)} \end{bmatrix}$$

$$(5.90)$$

$$w = \frac{1+p_{(i+1)i}}{2} \tag{5.91}$$

$$R_{(i+1)i} = \frac{p_{(i+1)i}-1}{p_{(i+1)i}+1} \tag{5.92}$$

$$p_{(i+1)i} = \frac{k_i\cos\theta_i \cdot \varepsilon_{i+1,y}}{k_{i+1}\cos\theta_{i+1} \cdot \varepsilon_{i,y}} \tag{5.93}$$

$$k_i = k_0\sqrt{\frac{\varepsilon_{i,x} \cdot \varepsilon_{i,y}}{\varepsilon_{i,x}\cos^2\theta_i + \varepsilon_{i,y}\sin^2\theta_i}} \tag{5.94}$$

$$\sin^2\theta_{i+1} = \frac{\varepsilon_{i+1,x}\sin^2\theta_i}{\varepsilon_{i+1,x} \cdot \varepsilon_{i+1,y} - (\varepsilon_{i+1,y}-\varepsilon_{i+1,x}) \cdot \sin^2\theta_i} \tag{5.95}$$

式中,k_i 和 θ_i 分别代表在区域 i 中传播的电磁波的波数和传播角度;$R_{(i+1)i}$ 表示在区域 i 中电磁波的反射系数,即 $R_{(i+1)i}$ 是由分割区域 i 和区域 $i+1$ 的边界引起的;d_i 表示第 i 个边界在 x 方向上的位置。为了计算方便,假设 $D_0 = 0$。

对于如图 5.28 所示的 3 层薄板型介质混合物,如果已经确定了其边界层的等效介电常数,那么式(5.89)就简化为只有一个未知变量(中间层介电常数 ε_m)的方程组,即

$$\begin{cases} f_1(\varepsilon_m) = S_{11} \\ f_2(\varepsilon_m) = S_{21} \end{cases} \tag{5.96}$$

这样,通过让下面的函数在不同频点达到其最小值,就可以确定中间层等效

介电常数 ε_m 随频率变化情况，即

$$|\mathrm{Re}[f_1(\varepsilon_m) - S_{11}]| + |\mathrm{Im}[f_1(\varepsilon_m) - S_{11}]| +$$
$$|\mathrm{Re}[f_2(\varepsilon_m) - S_{21}]| + |\mathrm{Im}[f_2(\varepsilon_m) - S_{21}]| \qquad (5.97)$$

为了保证式（5.96）达到需要的最小值，需要预先确定一个合理的解的搜索区间。基于式（5.96）中的第二个方程，可以利用 Levenberg-Marquardt 算法求解未知的中间层等效介电常数，记为 ε'_m。如图 5.20 所示，通过 S_{21} 法得到的等效介电常数色散曲线与稳定的 BSCM 法得到色散曲线基本一致，说明 S_{21} 法具有很好的稳定性和正确性。因此，可以近似认为由式（5.96）中的第二个方程得到的 ε'_m 在这种情况下提供了一个先验结果。据此，可以构建搜索区间为 $[\varepsilon_m - \delta, \varepsilon_m + \delta]$，$\delta$ 是正实常数。通过适当选择 δ 所构造解的搜索区间，可以局部实现式（5.97）的最小化，进而确定中间层等效介电常数 ε_m 的频率色散特性。

如果仿真或者实测的散射参数中存在噪声，所提出的层式模型的散射参数逆推方法预计没有均匀和各向异性模型稳定，因为它可能受到数值的不稳定性影响。例如，最小化算法的搜索区间可能包含多个极小值。此外，读者可以推测带有各向同性边界层模型中的 ε_b 和 ε_m，可以通过式（5.89）的直接数值反演解决。在这种情况下，式（5.89）是一个二元一次方程组（包含两个独立的方程）。然而，方程解的不唯一性会使直接反演的数值解十分不可靠。

5.2.5　具有各向同性边界层的层式结构模型

考虑比各向同性均一化模型更加复杂的具有各向同性边界层的分层模型。如在 5.2.4 节中所讨论的，可以首先通过计算 2 层混合介质板的等效介电常数 ε_{eff} 来确定边界层等效介电常数 ε_b。由式（5.68）在电磁波垂直入射条件下确定 2 层混合介质板的等效介电常数 ε_{eff}，然后再根据式（5.89）～（5.91）确定中间层等效介电常数 ε_m。

从图 5.29 中可以看出，当 $\theta_0 = 0°$ 时，在低频段中间层介电常数 $\varepsilon_{m,0}$（黑色实线）收敛于 Rayleigh 估计值，而较之中间层，边界层呈现较大的电响应 $\varepsilon_{b,0}$（红色实线）。另外还注意到，对于该 5 层介质板混合物，由式（5.68）在 $\theta_0 = 0°$ 时确定的 5-layer ε_{eff}（图 5.27 中的点划线）位于 $\varepsilon_{m,0}$ 和 $\varepsilon_{b,0}$ 之间，这一结果可由场均一化方法的结果证实。

为了确定层式模型的特性参数 ε_b 和 ε_m 是否与电磁波入射角度相关，必须首先确定通过公式解决具有 2 层单元的介质板的 ε_{eff} 在不同角度的取值。然后，对于每个不同的入射角度 θ_0，利用式（5.89）～（5.91）确定中间层等效介电常数 ε_m 的色散曲线，并将曲线补充到图 5.29 中。结果表明，不同于 ε_b，当入射角 θ_0 不同时，逆推出来的多条中间层介电常数色散曲线在低频段并不收敛于 Rayleigh 公式的估计值。这一低频不收敛现象揭示了"2 层法"在逆推斜入射条件下混合物

等效介电常数色散特性时存在缺陷。因为任何潜在的均一化理论的不精确性，包括逆推算法和空间分散等，在静态或准静态区域可以忽略，所以在图 5.29 中的低频段发散表明，具有各向同性边界层的分层模型存在固有的缺陷，无法准确描述在平面电磁波斜入射的条件下图 5.5 所示的介质薄板型混合物的宏观电磁响应。

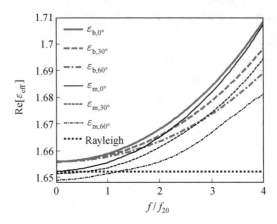

图 5.29　具有各向同性边界层的层式结构模型特性参数的
色散曲线(见彩图)

5.2.6　具有各向异性边界层的层式结构模型

首先尝试在已知具有各向同性边界层的层式结构模型(IBL)特性参数的基础上，确定具有各向异性边界层的层式结构模型(ABL)的特性参数，因为当平面波垂直入射时这两种模型是完全相同的。如果 ABL 模型的参数与电磁波的入射角无关，那么 ABL 模型中的 $\varepsilon_{by}(\theta_0 = 0)$ 和 $\varepsilon_m(\theta_0 = 0)$ 应该分别等于 IBL 模型的特性参数 $\varepsilon_b(\theta_0 = 0)$ 和 $\varepsilon_m(\theta_0 = 0)$。然后，可以利用公式(5.89)～(5.91)在不同的入射角条件下求解 ε_{bx}。类似于图 5.25，逆推出来的特性参数 ε_{bx} 不仅违反因果关系，还依赖于入射角 θ_0。

取而代之，可以用 IBL 模型的 $\varepsilon_m(\theta_0 = 0)$ 作为 ABL 模型的中间层介电常数，然后对于不同的入射角度 θ_0 通过式(5.89)～(5.91)求解 ε_{bx} 和 ε_{by}。如图 5.30 所示，逆推的特性参数严重受到谐振的影响。在低频段，ε_{by} 色散曲线收敛到相同的静态值，而 ε_{bx} 色散曲线收敛于一个较小的静态值。当频率增加时，谐振的宽频影响尤为显著，严重干扰了特征参数随频率的变化曲线，从而使它们无法正常应用。还注意到，FPR 出现在不同的频率。对于不同的入射角 θ_0，谐振与介质板的等效厚度有关，同时介质混合物的等效厚度会随 θ_0 而变化。

正如在 5.2.5 节讨论的那样，还可以利用"2 层法"，通过在不同入射角下计

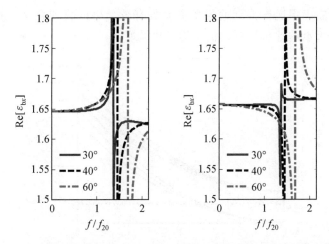

图 5.30　具有各向异性边界层的层式结构模型的特性参数的色散曲线一

算含有 2 层单元结构的混合物薄板的各向异性模型的特性参数 ε_x 和 ε_y,解决在相同 θ_0 的条件下 ABL 模型边界层的特性参数 ε_{bx} 和 ε_{by}。至于 ε_m,存在两种确定它的方法:一种是假设 ε_m 是不对入射角变化而改变的,且等于当入射角为 0 时的 IBL 模型的 ε_m;另一种是在不同 θ_0 的条件下,通过式(5.89)～(5.91)数值求解 ε_m(ε_{bx} 和 ε_{by} 已由 2 层法确定)。逆推得到的等效介电常数的色散曲线分别如图 5.31 和图 5.32 所示。对于上述两种情况,很明显第二种方法中的 ABL 模型更优。

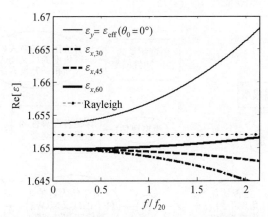

图 5.31　具有各向异性边界层的层式结构模型的特性参数的色散曲线二

从图 5.32 可以看出,由于引入了各向异性边界层代替各向同性边界层,因此所得到的中间层等效介电常数 ε_m 的各条色散曲线会聚并逐渐收敛于静态 Rayleigh 混合公式的估计值。通过对比图 5.29 和图 5.32 可知,如果使用层式模型来描述介质混合物在平面波斜入射时的宏观电磁响应,最外边界层应当是各向异性的,才能确保逆推得到的模型参数具有较严格的物理意义。接下来将采用如图 5.33 所示的评价机制评估各均一化模型。

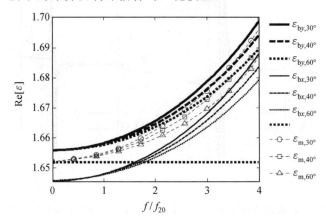

图 5.32　具有各向异性边界层的层式结构模型的特性参数的色散曲线三

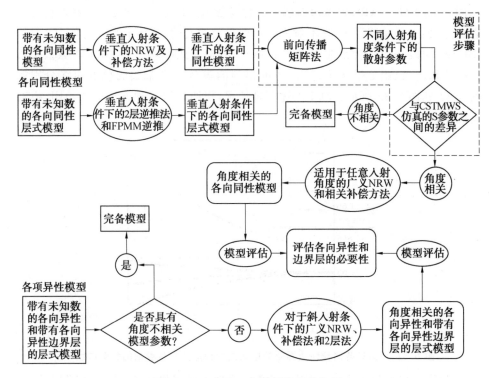

图 5.33　各均一化模型的评价机制

5.2.6　各均一化模型的比较

迄今研究表明,所施加的四种均一化模型(图 5.34)的特性参数都依赖于入射角 θ_0。换言之,由于空间分散的原因,因此很难建立具有与入射角度无关的特性参数的均一化模型,在准动态范围内和电磁波斜入射的条件下描述我们感兴趣的薄板型介质混合物。另外,引入各向异性未能成功地表征空间分散,并如图 5.35 和图 5.36 所示,额外 ε_x 和 ε_{bx} 也随入射角的变化而改变。

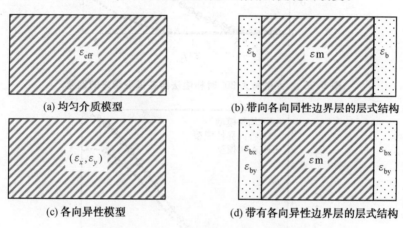

图 5.34　本书讨论的四种均一化模型

当特性参数与电磁波入射角无关时,对各向同性的均匀模型(H－model,或 H 模型)和 IBL 模型进行比较,结果揭示了引入额外的各向同性边界层并没有给模型带来任何优越性。至于各向异性模型(各向异性(A－model,或 A 模型)和 ABL 模型),寻找与入射角无关的特性参数的几次努力都以失败告终。因此,为了评估引入各向异性边界层的必要性,结合了前向矩阵来正向计算等效模型所产生的 S 参数,并与实际混合物在同等条件下产生的 S 参数进行对比,比较了不同入射角度条件下,三种均一化模型(均匀介质模型、各向异性模型和 ABL 模型)在 S 参数中产生的误差,如图 5.35 和图 5.36 所示。值得注意的是,考虑到 IBL 模型在低频段不同入射角对应的多条介电常数色散曲线不收敛的现象,在比较的过程中忽略了 IBL 模型。

在图 5.35 和图 5.36 中可以观察到以下现象。

(1)均匀模型和各向异性模型的比较表明,单独的各向异性对模型不会产生任何方面的改善。显然,无论是各向同性边界层还是单独的各向异性,都不足以改善模型的性能。然而,ABL 模型明显优于均匀模型和各向异性模型,这证实了如果采用分层模型,那么它的边界层必须是各向异性的。

(2)所有这三种均一化模型尽管采用了与入射角度相关的特性参数,但也随

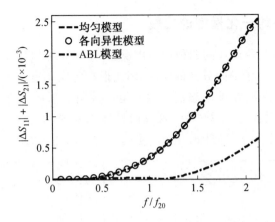

图 5.35　入射角为 30° 时补偿法给各模型带来的误差

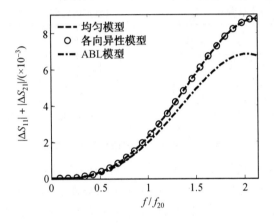

图 5.36　入射角为 60° 时补偿法给各模型带来的误差

着电磁波入射角度的增加产生了更大的误差。产生这种现象可能因为在 x 方向上构成薄板的单元结构的数量有限。由于 θ_0 的增加,因此在 x 方向上的电响应将逐渐占据主导地位。然而,在这个方向只存在 5 层的单元结构,这一事实阻碍了正确的介质板均匀化过程。因此,可以预期对于更大的入射角,各模型的性能会进一步恶化。

　　(3) 所提出并推广的补偿方法旨在为薄板型介质混合物恢复平滑变化的等效介电常数色散曲线。但不可避免的是,它将给系统带来一定的误差,如果定义 $|\Delta S_{11}|+|\Delta S_{21}|$ 来衡量这一误差,可以发现 ABL 模型是目前为止可用频率范围最广、可靠性较高、精度最好的一种准动态均一化模型。

5.2.7　薄板厚度 d 的自适应算法

　　利用散射参数逆推法得到的色散曲线并不是平滑曲线,而是有谐振产生且谐振点处的谐振为先下后上的非正常谐振。除此之外,该谐振对色散曲线的影响为宽带影响,而非传统意义的窄带影响,这种谐振被定义为法布里－佩罗特谐振。散射参数逆推法由于受到法布里－佩罗特谐振谐振的影响,因此其计算结果会出现一定程度的失真。通过计算分析发现法布里－佩罗特谐振与均一化模型的厚度相关,可知对于均匀物质,混合物的几何边界有时不能准确地定义其电磁边界。传统研究方法把混合物的自然厚度引入电磁特性参数的求解中,然而这样会引入法布里－佩罗特谐振,因此本节拟通过改变不同频点混合物厚度来消除法布里－佩罗特谐振对色散曲线的结果影响。

从传统意义的散射参数逆推法的仿真图像中可以看出,在等效介电常数关于频率的图像中存在法布里－佩罗特谐振。通过阅读相关文献,了解到薄板的厚度 d 与法布里－佩罗特谐振有关。因此,可通过改变谐振频点处的薄板厚度 d 来消除法布里－佩罗特谐振。本节将先介绍散射参数逆推法中有关薄板厚度确定的局限性,继而介绍如何通过改变薄板厚度 d 消除法布里－佩罗特谐振。

传统散射参数逆推法由于受到法布里－佩罗特谐振的影响,因此其等效介电常数的计算结果会出现一定程度的失真。通过计算分析,发现法布里－佩罗特谐振与均一化模型的厚度相关。对于均匀物质,其电磁边界易于确定,一般为自然几何边界。然而,对于介质混合物而言,其几何边界有时不能准确地定义其电磁边界。传统研究方法把混合物的自然厚度引入电磁特性参数的求解中,然而这样会引入法布里－佩罗特谐振。因此,可以通过改变不同频点混合物厚度来消除色散曲线中法布里－佩罗特谐振的影响。

1. 厚度 d 对法布里－佩罗特谐振的影响

随着频率的增加,介质混合物的宏观电色散特性(介电常数随频率的变化)会受到法布里－佩罗特谐振的影响,从而引起计算结果的失真。而通过计算分析发现法布里－佩罗特谐振与均一化模型的厚度相关。我们希望提出一种在不同频点确定薄板型介质混合物等效厚度的自适应算法,来消除法布瑞派蕾特谐振引起的影响。具体解释为:在原始计算公式中,默认 d 为薄板自然厚度,但实际需要的厚度可能为 $d+\delta$。绘制不同 δ 值下等效介电常数的色散曲线,如图 5.37 和图 5.38 所示。

2. δ 正负对散射参数逆推法谐振的影响解析

考虑到混合物的背景物质为空气,可能会直观感觉 δ 应该为负数。然而也应该考虑到散射参数的获得是依靠在平面波的假设上的。如果有效边界逐渐向外移,即介质混合物的有效厚度逐渐变大,波会更加符合平面波的特性,这样也就可以解释为什么猜测当 $\delta>0$ 时能得到消除谐振的厚度。

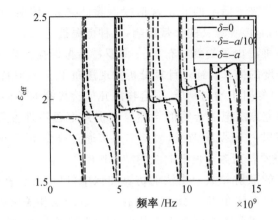

图 5.37　$\delta < 0$ 时等效介电常数的色散曲线

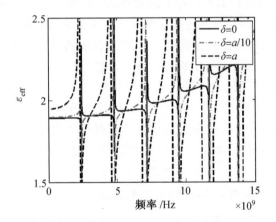

图 5.38　$\delta > 0$ 时等效介电常数的色散曲线

3. 法布里－佩罗特谐振的消除

（1）谐振频点的确定。

谐振频点的确定对于法布里－佩罗特谐振的消除至关重要，因为只有在找到谐振频点后才能设法调节谐振频点处的 δ 进而消除谐振。关于谐振频点的确定，本节共给出两种确定方法。

第一种方法，在仿真得到 $\delta = 0$ 时的等效介电常数关于频率的色散曲线基础上进行区间划分，找出不同区间的最小值。以图 5.39 为例，可以通过搜索 $0 \sim 4\,\mathrm{GHz}$ 和 $0 \sim 6\,\mathrm{GHz}$ 两个区间内的最小值来找到两个谐振频点。依此类推，可以找到不同谐振点的频率值。

然而这种方法并非完全的自适应，必须在得到 $\delta = 0$ 时的等效介电常数关于频率图像基础上，人为地进行频率区间划分。而且这种方法也有一定的限制，如

图 5.39 中,若第四个频点处等效介电常数 ε_{eff} 比第三个谐振频点处的等效介电常数 ε_{eff} 值大,则不易得到第四个谐振频点的频率值。

第二种方法,完全程序化的频点寻找。首先找局部最小值的函数,找出整个函数图像中所有局部最小值点。如图 5.40 所示,可以看到每个谐振点处将会找到图中黑色圆圈标记出来的两个局部最小值,即整个图像共 6 处谐振,但却会得到 13 个局部最小值。以第一处谐振的两个局部最小值为例,显然第二个局部最小值是不希望得到的。经过数据分析和尝试,发现只要限制两个局部最小值之间的距离不得小于 1 GHz,则非谐振点的局部最小值即可被排除,进而可以从原来的 13 个局部最小值中找到需要的 5 个谐振点的频率值。

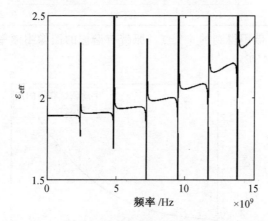

图 5.39　$\delta = 0$ 时等效介电常数关于频率的曲线

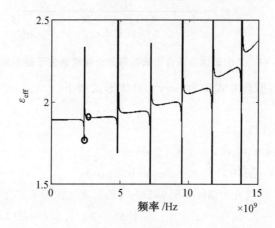

图 5.40　$\delta = 0$ 时等效介电常数关于频率的图像

(2) 等效介电常数关于频率的曲线拟合。

在找到了 6 个谐振频点后,调节不同谐振频点处的 δ 值,6 处谐振频点的谐振都得以消失。再根据消除谐振后,将这 6 个频点处的新生成的点进行拟合,得到等效介电常数关于频率的平滑曲线。具体 δ 值以及不同频点等效介电常数的值见表 5.1。

表 5.1　具体 δ 值以及不同等效介电常数的值

谐振点序号	频率	δ	等效介电常数
1	2.409 6	$a/39.7$	1.892 45
2	4.808	$a/40.1$	1.915 85
3	7.162 6	$a/42.6$	1.956
4	9.472 1	$a/47.1$	2.021 67
5	11.692 2	$a/53.5$	2.114 22
6	13.733 5	$a/66.3$	2.247 95

根据表 5.1,借用得到的 6 个点及原带有谐振的图像中频率为 0 GHz 的点拟合,图像如图 5.41 所示。

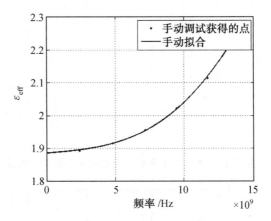

图 5.41　7 个谐振点拟合出来的等效介电常数关于频率的曲线

其中,图像的拟合方式选为 poly3,具体形式如下:

%%

Linear model Poly3:

$f(x) = p1 * x^3 + p2 * x^2 + p3 * x + p4$

Coefficients(with 95% confidence bounds):

$p1 = 1.229e-31$　$(5.671e-32, 1.89e-31)$

$p2 = -2.417e-23$　$(-1.408e-21, 1.36e-21)$

$p3 = 3.396e-12$　$(-4.351e-12, 1.114e-11)$

$p4 = 1.886$　$(1.875, 1.897)$

%%

图像吻合程度的评判结果(Goodness of fit)如下:

SSE:3.989e−05

R−square:0.9996

Adjusted R−square:0.9993

RMSE:0.003646

%%

将得到的由 6 个新定义的谐振频点以及 0 GHz 处的点拟合出来的图像与原来带有谐振的等效介电常数与频率的图像对比,得到的结果如图 5.42 所示。

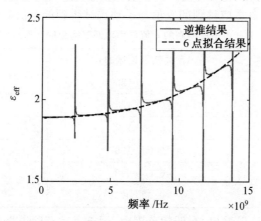

图 5.42　6 谐振点拟合出来的等效介电常数关于
频率图像与 δ = 0 时图像对比

(3) 不同频率下确定 δ 的自适应算法。

通过上述分析可知,虽然可以找到不同谐振频点下使谐振消失的 δ,但是寻找的方法是人工的手动尝试,而非自动得到相应的结果。手动尝试的方法不仅耗时耗力,而且结果也不尽准确。于是,思考是否能找到一种方法,可以自适应地找到不同频点下使得谐振消失的 δ 的值。

在手动调试 δ 使得谐振消失时,所用的衡量方法为图像放大 3 倍后图像近似平滑。然而我们知道人眼的判断总会有误差产生,运用自适应找不同频率下 δ 的值会得到更精准的结果。

我们的问题是怎样设定条件认为曲线平滑。初步想法是选取每个谐振频点前后的点共 50 个,使得 50 个点中最大值和最小值小于一个特定的值 b。然而在调试过程中发现,在高频范围内,等效介电常数关于频率的图像增长速度特别快。因此,若限定一个特定的值,如果这个特定的值 b 能帮助准确地筛选出低频的 δ,那么在高频范围内,这个特定值 b 即有些苛刻,则无法得到高频范围内合适的 δ。同理,如果选取的这个特定值 b 过大,那么可以得到高频条件下的 δ 值。然而对于低频范围来讲,这个限制即有点过于宽泛,进而导致无法准确得到低频

δ 值。

鉴于以上原因,拟引入一个能随频率变化的量来代替固定值 b,且这个变化的量最好能随频率的增大而增大。于是,本书提出了一种新的衡量曲线光滑的条件:令每个谐振频点前后共 50 个点中的最大值和最小值的差值小于最大值和最小值的平均值 x 倍。经调试发现,当 $x = 0.13$ 时,可以得到与上面手动调试出的 δ 相近的 δ 值,即

$$| \max - \min | < 0.13 \times (\max + \min)/2$$

按上述条件,自适应得到的 δ 值与手动调试得到的 δ 值对比结果见表 5.2。

表 5.2   自适应得到的 δ 值与手动调试得到的 δ 值对比结果

谐振点频率	手动消除谐振的 δ	自适应算得的 δ
2.409 6	0.000 126	0.000 127
4.808	0.000 125	0.000 127
7.162 6	0.000 117	0.000 120
9.471 2	0.000 106	0.000 108
11.692 2	0.000 093	—
13.733 5	0.000 075	—

通过表 5.2 可以看出,在低频范围内,用于手动消除谐振的 δ 的数值与自适应条件下算得的 δ 的数值极其相近。利用自适应条件下得到的四个点与带有法布里—佩罗特谐振图像的 0 GHz 点得到的 6 个点及其拟合曲线如图 5.43 所示。其中,图像的拟合方式选为 poly2,具体形式如下:

%%

Linear model Poly2:

f(x) = p1 * x^2 + p2 * x + p3

Coefficients(with 95% confidence bounds):

  p1 = 1.376e − 21   (−7.085e − 22, 3.461e − 21)

  p2 = −1.269e − 12   (−2.185e − 11, 1.931e − 11)

  p3 = 1.888   (1.847, 1.93)

%%

图像吻合程度的评判结果(Goodness of fit)如下:

SSE:0.0002058

R − square:0.9766

Adjusted R − square:0.9533

RMSE:0.01014

%%

现将 $\delta=0$ 时的等效介电常数与频率的图像和自适应调试 δ 后的等效介电常数与频率的图像做对比，如图 5.44 所示。

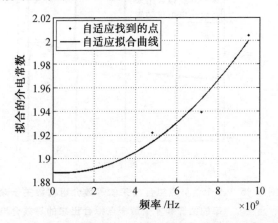

图 5.43　6 谐振点拟合出来的等效介电常数的色散曲线与 $\delta=0$ 时曲线的对比

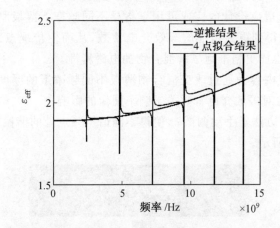

图 5.44　4 谐振点拟合出来的等效介电常数色散曲线与 $\delta=0$ 时曲线对比

综上，将 $\delta=0$ 时的等效介电常数色散规律和手动调试 δ、自适应调试 δ 后的等效介电常数色散规律做对比，如图 5.45 所示。

通过对比可以看出，在 10 GHz 范围内，手动调试 δ 使谐振消除的图像曲线与本章设计的自适应算法得到的曲线图像极其接近。前文提到过，散射参数逆推法的应用一般适用于低频频段，即准静态范围。在准动态范围，其结果可能存在一定的误差。在图 5.44 中亦可以清晰地看出，在低频范围内，手动拟合方式得到的有效介电常数关于频率的图像与本章设计的自适应算法得到的等效介电常数关于频率的图像能够完美的重合，即使是在准动态范围内，可以看到两种方法下得到的等效介电常数关于频率的图像差异也并不大。因此，可以认为自适应算

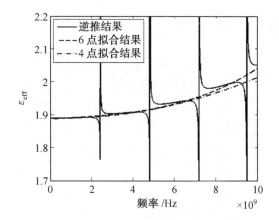

图 5.45   6 个谐振点拟合出来的等效介电常数关于频
率的图像和 4 个谐振点拟合出来的等效介电
常数与频率的图像与 $\delta = 0$ 时图像对比

法可较好地得到不同频率下等效介电常数的结果。

薄板厚度自适应设计的完成可用于指导不同频率下薄板厚度的选择,进而可以对任意薄板得到更为精准的等效介电常数,从而使传统意义的散射参数逆推法得到改善,也能更精准地了解混合物的电磁特性。

本节的研究内容为通过改变混合物薄板不同频率下的厚度,进而消除法布里-佩罗特谐振对等效介电常数关于频率图像的影响。

首先第一种方法是手动调试 δ,使得不同谐振频点处的谐振消失。具体操作方法如图 5.46 所示。

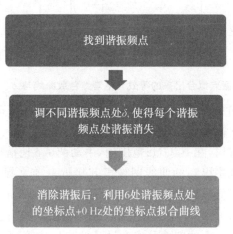

图 5.46   手动确定等效厚度的补偿值

其中,找谐振频点的方法有两种,分别为自适应和半自适应。半自适应即先划分区间，找每个区间的最小值；而全自适应则有些复杂，具体方法如下。

① 找局部最小值，找到 13 个频点。

② 通过限定 2 个相邻局部最小值点的频带差大于 1 GHz 来去除不合理的点，即当 $|f(i+1)-f(i)| > 1$ GHz 时，留下 $f(i+1)$ 这个点。

具体方案如图 5.47 所示。

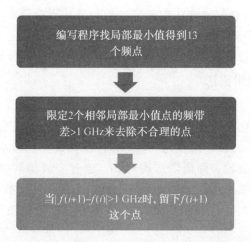

图 5.47　第一种消除法布里－佩罗特谐振的方法即设计自适应的算法

第二种消除法布里－佩罗特谐振的方法即设计自适应的算法来调节不同频率下的薄板厚度 d，具体方案如图 5.48 所示。其中，能够自适应找谐振频点的方法已在前面提到，那么现在的重点就在于如何自适应地找到能够消除法布里－佩罗特谐振的 δ。关于 δ 的选择，取谐振频点前后共 50 个点，使得 $|\max-\min| < 0.13 \times (\max-\min)/2$。其中，$\max$ 为 50 个点中的最大 ε 值，$\min$ 为 50 个点中的最小 ε 值。

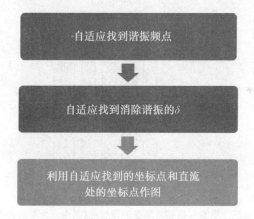

图 5.48　第二种消除法布里－佩罗特谐振的方法即设计自适应的算法

然后再利用自适应找到的 δ 画出 4 个点，外加直流处的坐标点，将这 5 个点用

cftool 进行拟合。

值得注意的是,之所以自适应只找到 4 个点而不是将所有 6 个谐振频点处的坐标点都找到,是因为不易选择同时满足 6 个点的门限值。而选择自适应找到的前 4 个点外加 0 GHz 处的坐标点连成的曲线与手动挑选 δ 拟合的曲线在 7 GHz 前可以达到较为完美的拟合,只是在频率大于 7 GHz 后的拟合曲线会有些许不同。但是,传统散射参数逆推法的研究一般只适用于准静态范围。本设计已提出适用于小于 7 GHz 范围内的薄板厚度自适应算法,即将适用范围推广到了准动态范围。这一自适应算法的产生使得混合物电磁特性的分析更加准确。

4. 自适应厚度纠正法

为进一步提高该方法的准确性,需要对均一化模型的等效厚度进行逐频点的修正。根据均一化理论中宏观电磁特性不随媒质的厚度变化而改变的规律,通过如图 5.49 所示的技术路线完成对等效厚度的逐频点修正。首先,人为构建层数不同的介质集成超表面周期结构;然后,通过全波仿真的辅助,编制无约束优化自适应算法逐频率点获得最优的修正值 δ,保证不同层数的周期结构具有相同的等效电磁特性参数;最后,完成对介质基板集成超表面等效厚度的逐频点修正。

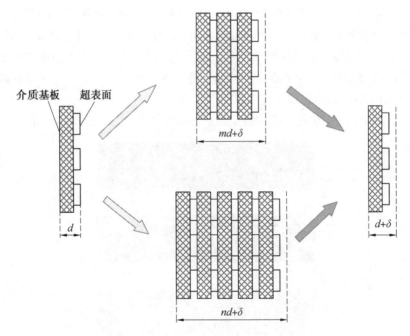

图 5.49　逐频点修正介质混合物等效厚度的流程图(其中 d 为单层介质混合物的厚度,m 和 n 分别代表人为构建的周期性结构的层数,δ 代表对厚度 d 的修正值)

针对如图 5.5 所示的介质混合物,利用上述自适应厚度纠正法消除法布利佩
罗型谐振。图 5.50 所示为厚度修正值随频率变化曲线,即随着频率的上升,修正
量逐渐减小,意味着高阶散射模式对于均一化结果的影响逐渐减小。图 5.51 所
示为厚度纠正后均匀模型的等效介电常数对于频率的变化曲线。不难看出,法
布里 — 佩罗谐振得到了极好的抑制,等效介电常数随着频率的增加而平缓地增
长。同时,不同层数的混合物展现出相同的色散曲线,这一现象与自适应算法的
假设相同,进而印证了方法的有效性和合理性。图 5.52 和图 5.53 分别对比了实
际混合物与修正厚度后等效模型的宏观外部电磁响应 S_{11} 和 S_{21}。结果表明,模
型可以完美还原实际混合物的散射参数,最终证明了自适应厚度纠正算法的正
确性。

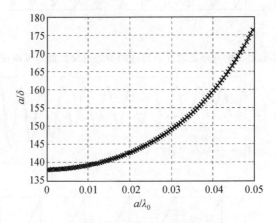

图 5.50　　厚度修正值随频率变化曲线

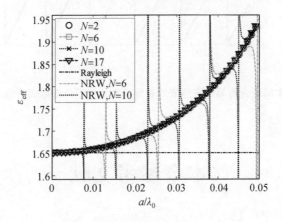

图 5.51　　厚度纠正后均匀模型的等效介电常数对于频
　　　　　率的变化曲线(N 表示介质混合物的层数)

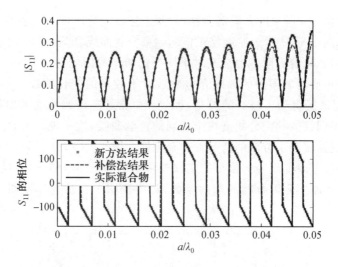

图 5.52　实际混合物与修正厚度后等效模型的宏观外部电磁响应 S_{11} 的对比图

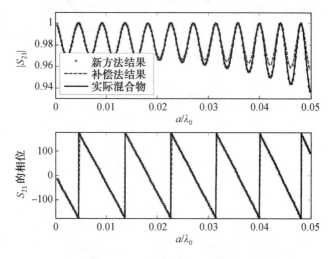

图 5.53　实际混合物与修正厚度后等效模型的宏观外部电磁响应 S_{21} 的对比图

本章参考文献

[1] MILTON G W. The Theory of Composites[M]. Cambridge：Cambridge University Press，2002.

[2] LANDAU L D，LIFSHITZ E M，PITAEVSKII L P. Electrodynamics of continuous media[M]. 2nd ed. Burlington：Elsevier Butterworth-Heinemann，1984.

［3］OLEINIK O A,SHAMAEV A S,YOSIFIAN G A. Mathematical problems in elasticity and homogenization［M］. Amsterdam:Elsevier Science Publishers,1991.

［4］WEIGLHOFER W S,LAKHTAKIA A. Introduction to complex mediums for optics and electromagnetics［M］. Bellingham,WA:SPIE press,2003.

［5］JOANNOPOULOS J D,MEADE R D,WINN J N. Photonic Crystals［M］. New Jersey:Princeton University Press,1995.

［6］CROENNE C,FABRE N,GAILLOT D P,et al. Bloch impedance in negative index photonic crystals［J］. Physical Review B,2008,77(12):125333.

［7］GALISTEO-LóPEZ J F,GALLI M,PATRINI M,et al. Effective refractive index and group velocity determination of three-dimensional photonic crystals by means of white light interferometry［J］. Physical Review B, 2006,73(12):125103.

［8］SCHWARTZ B T,PIESTUN R. Dynamic properties of photonic crystals and their effective refractive index［J］. JOSA B,2005,22(9):2018-2026.

［9］MOJAHEDI M,ELEFTHERIADES G V. Dispersion engineering:the use of abnormal velocities and negative index of refraction to control dispersive effects［M］. Negative refraction metamaterials:fundamental properties and applications. IEEE Press-Wiley Interscience(John Wiley & Sons,Inc. ,),2005:381-411.

［10］MAGNUSSON R,SHOKOOH-SAREMI M,WANG X. Dispersion engineering with leaky-mode resonant photonic lattices［J］. Optics Express,2010,18(1):108-116.

［11］GARNETT J C M. Colours in metal glasses and in metallic films［J］. Phil. Trans. R. Soc. Lond,A,1904,203:385-420.

［12］VIKTOR G V. The electrodynamics of substances with simultaneously negative values of ε and μ［J］. Soviet Physics Uspekhi,1968,10(4):509-514.

［13］PENDRY J B. Negative refraction［J］. Contemporary Physics,2004,45(3):191-202.

［14］SHELBY R A,SMITH D R,SCHULTZ S. Experimental verification of a negative index of refraction［J］. Science,2001,292(5514):77-79.

［15］KOSCHNY T,MARKOŠ P,SMITH D R,et al. Resonant and antiresonant frequency dependence of the effective parameters of metamaterials［J］. Physical Review E,2003,68(6):065602.

［16］DEPINE R A,LAKHTAKIA A. Comment I on "Resonant and

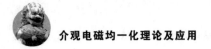

antiresonant frequency dependence of the effective parameters of metamaterials"[J]. Physical Review E,2004,70(7):048601.

[17] EFROS A L. Comment Ⅱ on "Resonant and antiresonant frequency dependence of the effective parameters of metamaterials"[J]. Physical Review E,2004,70(4):048602.

[18] KOSCHNY T,MARKOŠ P,SMITH D R,et al. Reply to Comments on "Resonant and antiresonant frequency dependence of the effective parameters of metamaterials"[J]. Physical Review E,2004,70(4):048603.

[19] YANG T C,YANG Y H,YEN T. An anisotropic negative refractive index medium operated at multiple-angle incidences[J]. Optics Express,2009, 17(26):24189-24197.

[20] RAYLEIGH L. On the influence of obstacles arranged in rectangular order upon the properties of a medium[J]. Philosophical Magazine,1892, 34(211):481-502.

[21] JACKSON J D. Classical Electrodynamics,3rd Edition[M]. New York: John Wiley and Sons,Inc. ,1999.

[22] SCAIFE B K P. Principles of Dielectrics[M]. Oxford:Oxford Science Publications,1989.

[23] KOLUNDŽIJA B M,DJORDJEVIC A R. Electromagnetic modeling of composite metallic and dielectric structures[M]. Boston:Artech House,2002.

[24] HIPPEL A R V. Dielectric Materials and Applications[M]. Boston:Artech House,1995.

[25] KREMER F,SCHÖNHALS A. Broadband dielectric spectroscopy[M]. NewYork:Springer — Verlag Berlin Heidelberg,2003.

[26] DEBYE P J W. The collected papers of Peter J. W. Debye[M]. New York: Interscience,1954.

[27] LORENTZ H A,WIEN W. The theory of electrons and its applications to the phenomena of light and radiant heat[J]. Bull. Amer. Math. Soc,1911, 17:194-200.

[28] FRÖHLICH,H. Theory of dielectrics:dielectric constant and dielectric loss[M]. Oxford:Oxford Science Publications,1987.

[29] SIHVOLA A H. Electromagnetic mixing formulas and applications[M]. London:IEE,1999.

[30] OUGHSTUN K E,CARTWRIGHT N A. On the Lorentz-Lorenz

formula and the Lorentz model of dielectric dispersion[J]. Optics Express,2003,11(13):1541-1546.

[31] VAN V J H,WEISSKOPF V F. On the shape of collision-broadened lines[J]. Reviews of Modern Physics,1945,17(2-3):227-236.

[32] MOSOTTI O F. Discussione analitica sull'influenza che l'azione di un mezzo dielettrico ha sulla distribuzione dell'elettricità alla superficie di più corpi elettrici disseminato in esso[J]. Memorie di Matematica e di Fisica della Società Italiana delle Scienze(Modena),1850,24:49-74.

[33] CLAUSIUS R. Abhandlungen über die mechanische Wärmetheorie[M]. Wiesbaden:Friedrich Vieweg&Sohn Verlag,1864.

[34] QI J R,KETTUNEN H,WALLÉN H,et al. Different retrieval methods based on S-parameters for the permittivity of composites[C]. Berlin, Germany:2010 URSI International Symposium on Electromagnetic Theory. IEEE,2010:588-591.

[35] KRASZEWSKI A W. Microwave Aquametry[M]. New York:IEEE Press,1996.

[36] KARKKAINEN K,SIHVOLA A,NIKOSKINEN K. Analysis of a three-dimensional dielectric mixture with finite difference method[J]. IEEE Transactions on Geoscience and Remote Sensing,2001,39(5):1013-1018.

[37] AVELLANEDA M. Iterated homogenization,differential effective medium theory and applications[J]. Communications on Pure and Applied Mathematics,1987,40(5):527-554.

[38] DIAZ R E,MERRILL W M,ALEXOPOULOS N G. Analytic framework for the modeling of effective media[J]. Journal of Applied Physics,1998, 84(12):6815-6826.

[39] BROSSEAU C. Modelling and simulation of dielectric heterostructures:a physical survey from an historical perspective[J]. Journal of Physics D: Applied Physics,2006,39(7):1277-1294.

[40] SEITZ F. The modern theory of solids[M]. New York:McGraw-Hill,1940.

[41] KETTUNEN H,QI J R,WALLÉN H,et al. Homogenization of dielectric composites with finite thickness[C]. Tampere,Finland:The 26th Annual Review of Progress in Applied Computational Electromagnetics, 2010,490-495.

[42] WALLÉN H,KETTUNEN H,QI J R,et al. A geometrically simple benchmark problem for negative index metamaterial homogenization [C]. Berlin,Germany:2010 URSI International Symposium on Electrom-

agnetic Theory. IEEE,2010:768-771.

[43] NICOLSON A M,ROSS G F. Measurement of the intrinsic properties of materials by time-domain techniques[J]. IEEE Transactions on Instrumentation and Measurement,1970,19(4):377-382.

[44] WEIR W B. Automatic measurement of complex dielectric constant and permeability at microwave frequencies[J]. Proceedings of the IEEE, 1974,62(1):33-36.

[45] ZIOLKOWSKI R W. Design,fabrication,and testing of double negative metamaterials[J]. IEEE Transactions on Antennas and Propagation, 2003,51(7):1516-1529.

[46] ZOUHDI S,SIHVOLA A,VINOGRADOV A P. Metamaterials and plasmonics:fundamentals,modelling,applications[M]. Netherland: Springer Science & Business Media,2008.

[47] SIMOVSKI C R. Material parameters of metamaterials(a review)[J]. Optics and Spectroscopy,2009,107(5):726-753.

[48] SMITH D R,SCHULTZ S,MARKOŠ P,et al. Determination of effective permittivity and permeability of metamaterials from reflection and transmission coefficients[J]. Physical Review B,2002,65(19):195104.

[49] CHEN X D,WU B I,KONG J A,et al. Retrieval of the effective constitutive parameters of bianisotropic metamaterials[J]. Physical Review E,2005,71(4):046610.

[50] LI Z F,AYDIN K,OZBAY E. Determination of the effective constitutive parameters of bianisotropic metamaterials from reflection and transmission coefficients[J]. Physical Review E,2009,79(2):026610.

[51] WANG B G,ZHOU J F,KOSCHNY T,et al. Chiral metamaterials: simulations and experiments[J]. Journal of Optics A:Pure and Applied Optics,2009,11(11):114003.

[52] CHEN X D,GRZEGORCZYK T M,WU B I,et al. Robust method to retrieve the constitutive effective parameters of metamaterials[J]. Physical Review E,2004,70(1):016608.

[53] SJÖBERG D,LARSSON C. Characterization of composite materials in waveguides[C]. Berlin,Germany:2010 URSI International Symposium on Electromagnetic Theory. IEEE,2010:592-595.

[54] BAKER-JARVIS J,VANZURA E J,KISSICK W A. Improved technique for determining complex permittivity with the transmission/reflection

method[J]. IEEE Transactions on Microwave Theory and Techniques, 1990,38(8):1096-1103.

[55] LEVENBERG K.A method for the solution of certain non-linear problems in least squares[J]. Quarterly of Applied Mathematics,1944, 2(2):164-168.

[56] QI J R,QIU J H,HAN C Z. Homogenization models for a simple dielectric— composite slab upon oblique incidence[J]. International Journal of Antennas and Propagation,2014,24:787613.

[57] MAHAN G D,OBERMAIR G. Polaritons at surfaces[J]. Physical Review,1969,183(3):834-841.

[58] SIMOVSKI C R,TRETYAKOV S A,SIHVOLA A H,et al. On the surface effect in thin molecular or composite layers[J]. The European Physical Journal-Applied Physics,2000,9(3):195-204.

[59] KONG J A. Electromagnetic wave theory[M]. Cambridge:EMW Publishing, 2008.

[60] SMITH D R,PENDRY J B. Homogenization of metamaterials by field averaging[J]. JOSA B,2006,23(3):391-403.

[61] FIETZ C,SHVETS G. Current-driven metamaterial homogenization[J]. Physica B:Condensed Matter,2010,405(14):2930-2934.

[62] SILVEIRINHA M G.Metamaterial homogenization approach with application to the characterization of microstructured composites with negative parameters[J]. Physical Review B,2007,75(11):115104.

[63] SIMOVSKI C R,BELOV P A. Low-frequency spatial dispersion in wire media[J]. Physical Review E,2004,70(4):046616.

[64] SIMOVSKI C R,TRETYAKOV S A. Local constitutive parameters of metamaterials from an effective-medium perspective[J]. Physical Review B,2007,75(19):195111.

[65] SILVEIRINHA M G,FERNANDES C A. Homogenization of 3-D- connected and nonconnected wire metamaterials[J]. IEEE Transactions on Microwave Theory and Techniques,2005,53(4):1418-1430.

[66] SIMOVSKI C R. On electromagnetic characterization and homogenization of nanostructured metamaterials[J]. Journal of Optics,2010,13(1):013001.

[67] MCPHEDRAN R C,POULTON C G,NICOROVICI N A,et al. Low frequency corrections to the static effective dielectric constant of a two-dimensional composite material[J]. Proceedings of the Royal Society

of London. Series A:Mathematical,Physical and Engineering Sciences, 1996,452(1953):2231-2245.

[68] SOMMERFELD A. Über die Fortpflanzung des Lichtes in dispergierenden Medien[J]. Annalen der Physik,1914,349(10):177-202.

[69] BRILLOUIN L. Über die Fortpflanzung des Lichtes in dispergierenden Medien[J]. Annalen der Physik,1914,349(10):203-240.

[70] BRILLOUIN L. Wave propagation and group velocity[M]. New York: Academic Press,1964.

[71] OUGHSTUN K E,SHERMAN G C. Propagation of electromagnetic pulses in a linear dispersive medium with absorption(the Lorentz medium)[J]. JOSA B,1988,5(4):817-849.

[72] ALBANESE R,PENN J,MEDINA R. Short-rise-time microwave pulse propagation through dispersive biological media[J]. Journal of the Optical of America A,1989,6(9):1441-1446.

[73] SIHVOLA A. Dielectric mixture theories in permittivity prediction: effects of water on macroscopic parameters[J]. Microwave Aquametry, 1996:111-22.

[74] WYNS P,FOTY D P,OUGHSTUN K E. Numerical analysis of the precursor fields in linear dispersive pulse propagation[J]. Journal of the Optical of America A,1989,6(9):1421-1429.

[75] ZIOLKOWSKI R W,JUDKINS J B. Propagation characteristics of ultrawide-bandwidth pulsed Gaussian beams[J]. Journal of the Optical of America A,1992,9(11):2021-2030.

[76] BALICTSIS C M,OUGHSTUN K E. Uniform asymptotic description of ultrashort Gaussian-pulse propagation in a causal,dispersive dielectric[J]. Physical Review E,1993,47(5):3645-3669.

[77] OUGHSTUN K E,BALICTSIS C M. Gaussian pulse propagation in a dispersive,absorbing dielectric[J]. Physical Review Letters,1996, 77(11):2210.

[78] BALICTSIS C M,OUGHSTUN K E. Generalized asymptotic description of the propagated field dynamics in Gaussian pulse propagation in a linear,causally dispersive medium[J]. Physical Review E,1997,55(2):1910-1921.

[79] DVORAK S L,ZIOLKOWSKI R W,FELSEN L B. Hybrid analytical-numerical approach for modeling transient wave propagation in Lorentz media[J]. Journal of the Optical Society of America A,1998,15(5):1241-1255.

第6章

准动态内部均一化法：
场均一化法和色散图表法

　　本章介绍内部均一化法，包含场均一化法和色散图表法。场均一化法利用全波仿真或者数值计算，得到混合物内部各点处电场强度矢量 $E(r)$ 和电位移矢量 $D(r)$，再计算出整个混合物内部的平均电场强度矢量和平均电位移矢量，最后根据介质本构关系由二者的比值计算出宏观等效介电常数。色散图表法能够有效地确定周期性无限大晶体的各特征方向上的等效介电常数。本章会以无限大简单正方体晶格结构为例，说明使用色散图法确定等效介电常数的主要步骤。

6.1　场均一化法

首先给出场均一化法的数学描述。方便起见,参考如图6.1所示的单元结构进行说明,图中的单元结构为正方体,且边长为 a。将正方体的一个顶点定义为坐标原点,坐标轴的选取如图所示。

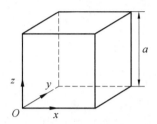

图 6.1　周期性媒质的单元结构示意图

首先,在如图 6.1 所示的周期性媒质正方体单元结构内,麦克斯韦方程组的微分形式为

$$\nabla \times \boldsymbol{H} = \frac{\partial \boldsymbol{D}}{\partial t} \tag{6.1}$$

$$\nabla \times \boldsymbol{E} = -\frac{\partial \boldsymbol{B}}{\partial t} \tag{6.2}$$

对式(6.1)和式(6.2)分别利用斯托克斯定理,即可得到麦克斯韦方程组的积分形式为

$$\oint_c \boldsymbol{H} \cdot \mathrm{d}\boldsymbol{l} = -\frac{\partial}{\partial t}\int_s \boldsymbol{D} \cdot \mathrm{d}\boldsymbol{S} \tag{6.3}$$

$$\oint_c \boldsymbol{E} \cdot \mathrm{d}\boldsymbol{l} = -\frac{\partial}{\partial t}\int_s \boldsymbol{B} \cdot \mathrm{d}\boldsymbol{S} \tag{6.4}$$

式中,"C"代表沿闭合路径 C 的线积分,对于如图 6.1 所示的单元结构,该路径为正方体任意边长组成的闭合曲线;"S"代表由闭合曲线 C 围成的任意曲面。

接下来根据式(6.3)和式(6.4)定义单元结构内的平均电场强度矢量$\langle \boldsymbol{E} \rangle$、平均电位移矢量$\langle \boldsymbol{D} \rangle$、平均磁场强度矢量$\langle \boldsymbol{H} \rangle$和平均磁感应强度矢量$\langle \boldsymbol{B} \rangle$。

在如图 6.1 所示的单一立方晶格(simple cubic lattice)的单元结构中定义平均电场强度矢量,即

$$\langle E \rangle_x = \frac{1}{a}\int_{(0,0,0)}^{(a,0,0)} \boldsymbol{E} \cdot \mathrm{d}\boldsymbol{l} \tag{6.5}$$

$$\langle E \rangle_y = \frac{1}{a} \int_{(0,0,0)}^{(0,a,0)} \boldsymbol{E} \cdot \mathrm{d}\boldsymbol{l} \tag{6.6}$$

$$\langle E \rangle_z = \frac{1}{a} \int_{(0,0,0)}^{(0,0,a)} \boldsymbol{E} \cdot \mathrm{d}\boldsymbol{l} \tag{6.7}$$

同理，平均磁场强度矢量为

$$\langle H \rangle_x = \frac{1}{a} \int_{(0,0,0)}^{(a,0,0)} \boldsymbol{H} \cdot \mathrm{d}\boldsymbol{l} \tag{6.8}$$

$$\langle H \rangle_y = \frac{1}{a} \int_{(0,0,0)}^{(0,a,0)} \boldsymbol{H} \cdot \mathrm{d}\boldsymbol{l} \tag{6.9}$$

$$\langle H \rangle_z = \frac{1}{a} \int_{(0,0,0)}^{(0,0,a)} \boldsymbol{H} \cdot \mathrm{d}\boldsymbol{l} \tag{6.10}$$

平均电位移矢量为

$$\langle D \rangle_x = \frac{1}{a^2} \int_{S_x} \boldsymbol{D} \cdot \mathrm{d}\boldsymbol{S} = \frac{1}{a^2} \int_{(0,0,0)}^{(0,a,0)} \int_{(0,0,0)}^{(0,0,a)} D_x \mathrm{d}y\mathrm{d}z \tag{6.11}$$

$$\langle D \rangle_y = \frac{1}{a^2} \int_{S_y} \boldsymbol{D} \cdot \mathrm{d}\boldsymbol{S} = \frac{1}{a^2} \int_{(0,0,0)}^{(a,0,0)} \int_{(0,0,0)}^{(0,0,a)} D_y \mathrm{d}x\mathrm{d}z \tag{6.12}$$

$$\langle D \rangle_z = \frac{1}{a^2} \int_{S_z} \boldsymbol{D} \cdot \mathrm{d}\boldsymbol{S} = \frac{1}{a^2} \int_{(0,0,0)}^{(a,0,0)} \int_{(0,0,0)}^{(0,a,0)} D_z \mathrm{d}x\mathrm{d}y \tag{6.13}$$

同理，平均磁感应强度矢量为

$$\langle B \rangle_x = \frac{1}{a^2} \int_{S_x} \boldsymbol{B} \cdot \mathrm{d}\boldsymbol{S} = \frac{1}{a^2} \int_{(0,0,0)}^{(0,a,0)} \int_{(0,0,0)}^{(0,0,a)} B_x \mathrm{d}y\mathrm{d}z \tag{6.14}$$

$$\langle B \rangle_y = \frac{1}{a^2} \int_{S_y} \boldsymbol{B} \cdot \mathrm{d}\boldsymbol{S} = \frac{1}{a^2} \int_{(0,0,0)}^{(a,0,0)} \int_{(0,0,0)}^{(0,0,a)} B_y \mathrm{d}x\mathrm{d}z \tag{6.15}$$

$$\langle B \rangle_z = \frac{1}{a^2} \int_{S_z} \boldsymbol{B} \cdot \mathrm{d}\boldsymbol{S} = \frac{1}{a^2} \int_{(0,0,0)}^{(a,0,0)} \int_{(0,0,0)}^{(0,a,0)} B_z \mathrm{d}x\mathrm{d}y \tag{6.16}$$

式中，a 为正方体晶格的边长。

在上述定义的基础上，根据本构关系可以得到等效介电常数 $\varepsilon_{\mathrm{eff}}$ 和等效磁导率 μ_{eff} 的数学表达式，即

$$\varepsilon_{\mathrm{eff},x} = \frac{\langle D \rangle_x}{\varepsilon_0 \langle E \rangle_x} \tag{6.17}$$

$$\varepsilon_{\mathrm{eff},y} = \frac{\langle D \rangle_y}{\varepsilon_0 \langle E \rangle_y} \tag{6.18}$$

$$\varepsilon_{\mathrm{eff},z} = \frac{\langle D \rangle_z}{\varepsilon_0 \langle E \rangle_z} \tag{6.19}$$

同理，有

$$\mu_{\mathrm{eff},x} = \frac{\langle B \rangle_x}{\mu_0 \langle H \rangle_x} \tag{6.20}$$

$$\mu_{\mathrm{eff},y} = \frac{\langle B \rangle_y}{\mu_0 \langle H \rangle_y} \tag{6.21}$$

$$\mu_{\mathrm{eff},z} = \frac{\langle B \rangle_z}{\mu_0 \langle H \rangle_z} \tag{6.22}$$

需要指出的是,式(6.17)~(6.22)成立的条件是单元尺寸 a 远小于参考电磁波的工作波长。否则,单元结构内部电磁场变化非常剧烈,这违背了电磁均一化的前提,所定义的等效电磁特性参数也就失去了物理意义。

以如图 6.2 所示的薄板型介质混合物为例,对比散射参数法,分析和讨论场均一化法的正确性和优势。其结构与图 5.5 类似,长方体高亮区域给出了 7 层正方体单元结构,边长为 a;在该正方体的中心存在一个介质小球,小球的半径 r 小于 $\frac{a}{2}$。实际上,该薄板型介质混合物就是将沿主轴放置的无限大单一立方体晶格结构沿 z 方向截成有限长度的薄板型结构。不难看出,该结构沿 z 方向呈单轴(uniaxial)分布,即从 z 方向看过去,x 方向和 y 方向上媒质的结构是一致的。

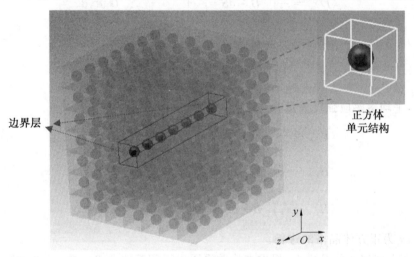

边界层

正方体
单元结构

图 6.2   准单一立方体晶体结构

为了方便分析,选取沿 z 方向传播且电场沿 y 方向的垂直入射平面电磁波作为电磁激励源。通过全波电磁仿真软件建立如图 6.2 所示的薄板型混合物的单元,并在所建立单元结构的四个边界添加合适的边界条件以实现半无限大薄板型混合物。利用波导端口在 z 方向将所建立的模型截断,同时波导端口还起到产生电磁激励,并吸收反射波和透射波的作用。通过全波电磁仿真,最终获得电场强度矢量、磁场强度矢量、电位移矢量和磁感应强度矢量在混合物内部各处的值。

场均一化法的一大优势就是可以分析混合物内部小范围内局部的电磁响应。对于图示结构,选取两种不同类型的积分区间:第一类为如图 6.2 所示的长方体高亮区域,即沿 z 方向的 7 层单元结构,由于整个混合物沿 z 方向单轴对称,因此在该区域内利用场均一化法得到的特性参数即为整个混合物的等效电磁特性参数;第二类是为了分析平行于 xOy 平面的各层结构的等效介电常数,选取长方体高亮区域中的每个单元结构作为积分区间,同时为了比较 x 方向上层数的多少对于混合物宏观电磁特性的影响,在全波仿真软件中建立了不同层数的半无限大单一立方晶体。

如图 6.3 所示为由场均一化法得到的具有不同层数的单一立方晶体的等效介电常数频率色散曲线。不难发现,随着层数的增加(x 方向上),等效介电常数的值逐渐降低,且趋向三维 Rayleigh 混合公式的静态估计值。 如前所述,Rayleigh 混合公式能够给出无限大单一立方晶体的静态等效介电常数值。对于我们感兴趣的有限厚度单一立方晶体,Rayleigh 公式的估计值只能给出近似的结果。随着层数的增加,有限厚度单一立方晶体逐渐向无限结构逼近,等效介电常数的值在低频段就会更加接近 Rayleigh 公式的估计值。

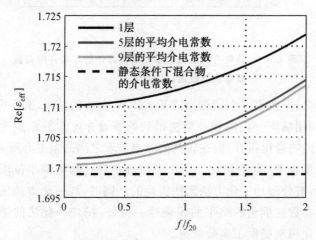

图 6.3　具有不同层数的单一立方晶体的等效介电常数
频率色散曲线

如图 6.4 所示,不同层数的单一立方晶体最外层单元结构的等效介电常数近似相等。例如,5 层单一立方晶体的第 1 层结构、第 5 层结构和 9 层单一立方晶体的第 1 层结构、第 9 层结构具有近似相等的等效介电常数色散曲线;同时,5 层单一立方晶体的所有中间层(第 2、3、4 层)和 9 层单一立方晶体的所有中间层结构(第 2 到第 8 层)具有相同的等效介电常数色散曲线,而且中间层的等效介电常数比边界层略低,同时在低频段趋向 Rayleigh 混合公式的静态估计值。

最后,如图 6.5 所示为利用 NRW 方法、补偿法和场均一化法得到的同一有限厚度单一立方晶体的等效介电常数频率色散曲线。其中,NRW 方法的逆推结果受到 Fabry − Pérot 谐振的严重影响。在第一个谐振点之前的低频段,各条色

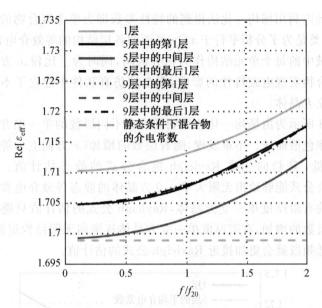

图 6.4　具有不同层数的单一立方晶体的等效介电常数
频率色散曲线(见彩图)

散曲线相互重合;但在第一个谐振点之后,NRW 方法的结果出现了明显的跳跃
现象。相反,利用场均一化法和补偿法得到的等效介电常数色散曲线在图中所
示的频率范围内吻合得很好,但在较高的频率二者之间的偏差有所加大。

通过上面的例子,发现场均一化法可以分析混合物内部小范围内局部的电
磁响应,这是所有外部均一化方法无法实现的。同时,均一化方法的结果也从侧
面证实了散射参数逆推法的结果的正确性。另外,场均一化法的结果也为采用
层式结构均一化模型提供了实验依据。

6.2　色散图表法

对于无限大单一立方晶体,还可以通过立方单元的色散图表来确定整个晶
体的等效介电常数 ε_{eff} 的频率色散特性。这里,色散图表是在频率－空间域绘制
的 $ka - \beta a$ 曲线。其中,k 代表频率信息,对应立方单元的特征频率;而 β 为波的传
播常数;βa 代表空间信息;a 为立方单元的尺寸。对于非磁性媒质,传播常数 β 与
波数 k 之间有下列关系成立,即

$$\beta = k\sqrt{\varepsilon_{eff}} \tag{6.23}$$

对于无限大非磁性材料晶格,下面的特征函数可以从麦克斯韦方程组中得

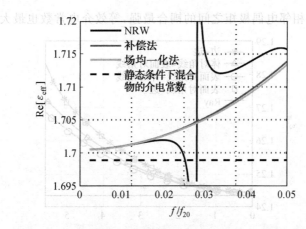

图 6.5　利用 NRW 方法、补偿法和场均一化法得到的同一有限厚度单一立方晶体的等效介电常数频率色散曲线的对比

到，即

$$\nabla \times \left(\frac{1}{\varepsilon(r)} \nabla \times H(r)\right) = \left(\frac{\omega}{c}\right)^2 H(r) \tag{6.24}$$

式中，$H(r)$ 表示谐波模式的磁场；c 为自由空间的光速；ω 表示本征频率。只需考虑 TEM 波，此时 $H(r) = H_0 \mathrm{e}^{-\mathrm{i}\beta a}$。根据式(6.24)可知，在一定的传播方向下，本征频率 ω(或 k)可以通过给不同的相移 βa 计算，因此可产生所需的 $ka - \beta a$ 色散曲线。在 CST 微波工作室中，传播方向可以通过系统地改变在 x、y 和 z 方向上周期性边界对之间的相移 $\beta_x a$、$\beta_y a$ 和 $\beta_z a$ 来实现。我们选取三种具有代表性的传播方向，绘制了当平面电磁波沿这三个方向传播时的色散曲线，并据此逆推出等效介电常数的频率色散特性，这三个方向分别是沿单一立方晶格单元的边、沿表面对角线的方向和沿体对角线的方向。

如图 6.6 所示为平面电磁波沿不同方向传播时由色散图表法计算得到的 $\varepsilon_{\mathrm{eff}}$。图例不仅表明了波的传播方向，也说明了电场的方向。例如，表面对角线 — 体对角线(surface diagonal — volume diagonal，SD — VD)中前者表示波的传播方向，后者表示电场方向，即该图例表示电场沿体对角线的平面波沿表面对角线入射。从图中可以观察到，当频率降低时所推导出的介电常数色散曲线收敛到静态 Rayleigh 的估计值，且各条色散曲线相互重合，意味着此时混合物是各向同性的；随着频率的升高，各条曲线之间的偏差也逐渐增大，暗示空间色散变得更加明显。另一个有趣的现象是，如图 6.6 所示，"边 — 边"曲线与"表面对角线 — 边"曲线完全吻合。此时，虽然电磁波的传播方向不同，但是电场的方向一致，且均沿着立方单元的边长方向。这是因为介电常数实际是衡量媒质对外加电场作用的响应情况。因此，外部激励电场相同时，响应也应该近似一致。此外，沿体对角线方向的相邻电偶极矩之间的耦合最弱，等效介电常数也最小；相反，沿立方体边长方向的相邻电偶极矩之间的耦合最强,等效介电常数也最大。

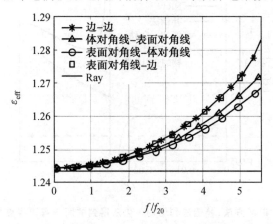

图 6.6　色散图表法得出的不同方向上单一立方晶格
等效介电常数色散曲线

　　最后,对比一下已经介绍的色散图表法、S_{11} 法、S_{21} 法和补偿法。如图 6.7 所示为针对同一种单一立方晶体(圆形小球的相对介电常数为 10,体积填充率为 10%)应用不同均一化方法得到的等效介电常数色散曲线。为了充分验证,如图 6.8 所示为针对另一种单一立方晶体(圆形小球的相对介电常数为 10,体积填充率为 30%)应用不同均一化方法得到的等效介电常数色散曲线。不难看出,色散图表法的逆推结果和 S_{11} 法、S_{21} 法的结果吻合得较好。同时,图 6.8 也从侧面说明了色散图表法的一个优点,即可以相对灵活地分析媒质不同方向的电磁响应。

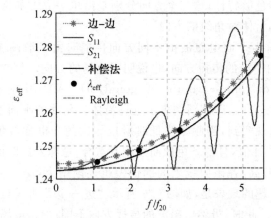

图 6.7　色散图表法、补偿法、S_{11} 法和 S_{21} 法之间的对比一

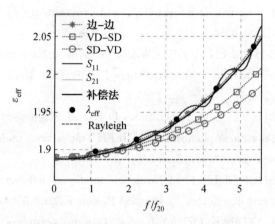

图 6.8　色散图表法、补偿法、S_{11} 法和 S_{21} 法之间的对比二（见彩图）

本章参考文献

[1] SMITH D R, PENDRY J B. Homogenization of metamaterials by field averaging[J]. JOSA B, 2006, 23(3):391-403.

[2] SAADOUN M M I, ENGHETA N. A reciprocal phase shifter using novel pseudochiral or Ω medium[J]. Microwave and Optical Technology Letters, 1992, 5(4):184-188.

[3] LINDELL I V, SIHVOLA A H, TRETYAKOV S A, et al. Electromagnetic waves in chiral and bi-isotropic media[M]. Boston: Artech House, 2002.

[4] WEIGLHOFER W S, LAKHTAKIA A. Introduction to complex mediums for optics and electromagnetics[M]. Bellingham, WA: SPIE press, 2003.

[5] WALSER R M. Electromagnetic metamaterials[C]. San Diego, CA, United States: Complex Mediums II: Beyond Linear Isotropic Dielectrics. International Society for Optics and Photonics, 2001, 4467:1-15.

[6] ZOUHDI S, SIHVOLA A, ARSALANE M. Advences in electromagnetics of complex media and metamaterials[M]. Dordrecht: Springer, 2002.

[7] VESELAGO V G. The electrodynamics of substances with simultaneously negative values of ε and μ[J]. Physics-Uspekhi, 1968, 10(4):509-514.

[8] PENDRY J B, SMITH D R. Reversing light with negative refraction[J]. Physics Today, 2004, 57(6):37-43.

[9] SMITH D R, PADILLA W J, VIER D C, et al. Composite medium with

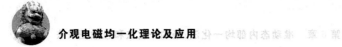
simultaneously negative permeability and permittivity[J]. Physical Review Letters,2000,84(18):4184.

[10] PENDRY J B,HOLDEN A J,STEWART W J,et al. Extremely low frequency plasmons in metallic mesostructures[J]. Physical Review Letters,1996, 76(25):4773-4776.

[11]PENDRY J B,HOLDEN A J,ROBBINS D J,et al. Magnetism from conductors and enhanced nonlinear phenomena[J]. IEEE Transactions on Microwave Theory and Techniques,1999,47(11):2075-2084.

[12]MARKOŠ P,SOUKOULIS C M. Numerical studies of left-handed materials and arrays of split ring resonators[J]. Physical Review E,2002,65(3):036622.

[13]BAYINDIR M,AYDIN K,OZBAY E,et al. Transmission properties of composite metamaterials in free space[J]. Applied Physics Letters,2002,81(1):120-122.

[14]PARAZZOLI C G,GREEGOR R B,LI K,et al. Experimental verification and simulation of negative index of refraction using Snell's law[J]. Physical Review Letters,2003,90(10):107401.

[15]LOSCHIALPO P F,SMITH D L,FORESTER D W,et al. Electromagnetic waves focused by a negative-index planar lens[J]. Physical Review E,2003, 67(2):025602.

[16]HOUCK A A,BROCK J B,CHUANG I L. Experimental observations of a left-handed material that obeys Snell's law[J]. Physical Review Letters,2003, 90(13):137401.

[17]ZIOLKOWSKI R W. Design,fabrication,and testing of double negative metamaterials[J]. IEEE Transactions on Antennas and Propagation,2003, 51(7):1516-1529.

[18]FALCONE F,LOPETEGI T,LASO M A G,et al. Babinet principle applied to the design of metasurfaces and metamaterials[J]. Physical Review Letters,2004, 93(19):197401.

[19]SHALAEV V M. Electromagnetic properties of small-particle composites[J]. Physics Reports,1996,272(2-3):61-137.

[20]SMITH D R,SCHULTZ S,MARKOŠ P,et al. Determination of effective permittivity and permeability of metamaterials from reflection and transmission coefficients[J]. Physical Review B,2002,65(19):195104.

[21]YEE K. Numerical solution of initial boundary value problems involving Maxwell's equations in isotropic media[J]. IEEE Transactions on Antennas andPropagation,1966,14(3):302-307.

[22]PENDRY J B.Calculating photonic band structure[J].Journal of Physics: Condensed Matter,1996,8(9):1085-1108.

[23]BERGMAN D J.The dielectric constant of a composite material—a problem in classical physics[J].Physics Reports,1978,43(9):377-407.

[24]SMITH D R,VIER D C,KROLL N,et al.Direct calculation of permeability and permittivity for a left-handed metamaterial[J].Applied Physics Letters,2000, 77(14):2246-2248.

[25]KONG J A.Theory of electromagnetic waves[J].New York,Wiley-Interscience, 1975,348.

[26]KOSCHNY T,Markoš P,Smith D R,et al.Resonant and antiresonant frequency dependence of the effective parameters of metamaterials[J].Physical Review E, 2003,68(6):065602.

[27]MASLOVSKI S I,TRETYAKOV S A,BELOV P A.Wire media with negative effective permittivity:A quasi-static model[J].Microwave and Optical Technology Letters,2002,35(1):47-51.

[28]BELOV P A,MARQUES R,MASLOVSKI S I,et al.Strong spatial dispersion in wire media in the very large wavelength limit[J].Physical Review B,2003, 67(11):113103.

[29]POKROVSKY A L.Analytical and numerical studies of wire-mesh metallic photonic crystals[J].Physical Review B,2004,69(19):195108.

[30]SIMOVSKI C R,BELOV P A.Low-frequency spatial dispersion in wire media[J]. Physical Review E,2004,70(4):046616.

[31]SILVEIRINHA M G,FERNANDES C A.Homogenization of 3-D-connected and nonconnected wire metamaterials[J].IEEE Transactions on Microwave Theory and Techniques,2005,53(4):1418-1430.

[32]MARQUÉS R,MEDINA F,RAFII-EL-IDRISSI R.Role of bianisotropy in negative permeability and left-handed metamaterials[J].Physical Review B,2002, 65(14):144440.

[33]MARQUÉS R,MESA F,MARTEL J,et al.Comparative analysis of edge-and broadside-coupled split ring resonators for metamaterial design-theory and experiments[J].IEEE Transactions on Antennas and Propagation,2003, 51(10):2572-2581.

第 7 章

电磁均一化技术在新型人工
复杂媒质及超表面领域应用

本书前序章节已经详细介绍了介观电磁均一化理论体系,并讨论了在介观尺度上拓展电磁均一化理论适用范围的一系列技术手段。本章将介绍相应电磁均一化理论在科学研究中的实际应用范例,重点围绕新型人工复杂媒质及超表面,介绍新型电磁均一化方法在其分析和设计中的应用。

7.1　人工复杂电磁媒质和超材料简介

　　科学的重大进展和革新经常与新物质和新材料的发现息息相关。超颖材料（metamaterial）和石墨烯（graphene）可能是近二十年科学史上最具代表性的发现。超颖材料的研究始于 1968 年苏联科学家 V. G. Veselago 的理论研究工作。Veselago 首次分析了同时具有负介电常数和负磁导率的均匀媒质的电动力学特性，因此超颖材料最早也被称为 Veselago 媒质或者双负媒质（double negative medium，DNG）。然而，直到 2000 年，杜克大学的 D. R. Smith 课题组才首次设计并实验验证了基于开口谐振环（split ring resonator，SRR）和细铜带条（copper strip）的双负媒质。这项研究迅速激起了科研学者的热情，在短短十余年的时间里，提出了诸多具有新颖电磁宏观特性的周期性人工媒质，超级透镜（super lens）、隐身斗篷（invisibility cloak）、波束调控和赋形（beam － steering and beam － forming）是最具代表性的发现。这些新型媒质无论从工作机理还是功能上都已经超出了 Veselago 媒质的定义范畴。因此，人们引入 metamaterial，即超颖材料的定义。meta 是希腊语词根，代表"超出"或者"更高层次"。目前，被广泛接受的超颖材料的定义是特殊设计的单元结构按照某种特定的空间排列规律构成的人工媒质。该媒质通常具有如下特征：首先，单元具有亚波长级别尺寸（subwavelength），即单元的尺寸远小于工作波长，而单元的空间排布通常具有周期性；其次，媒质应具有与其单元电磁响应不同的宏观电磁特性，而这种宏观电磁特性主要取决于单元之间的电磁耦合；最后，超颖材料通常具有异于天然媒质的新颖宏观电磁响应。

　　在最近的十几年间，超颖材料已经得到了长足的发展和进步，研究领域也遍布从微波到光波的几乎整个频谱。但是，限制这种新兴人工材料实际应用的诸多因素仍然没有得到完善的解决。首先，三维超颖材料会占用较大的空间尺寸并具有不可忽略的质量，这一点限制了其在诸如通信系统的集成和应用；其次，通过恰当的谐振式单元设计得到具有强频域色散的宏观电磁特性是超颖材料的一种主要设计思路，不幸的是，根据 Krammers － Kronig 准则，具有强频域色散特性的媒质一般对电磁波也具有显著的能量损耗，因此三维超颖材料通常都是有耗媒质，其实际应用和系统集成通常会明显降低系统的效率。

　　为了改善上述缺陷，学者们提出了三维超颖材料的低维度衍化，进而衍生出2.5D 和 2D 超颖材料，即超表面的概念。与三维超颖材料相比，超表面具有物理空间紧凑、电磁损耗低、加工工艺要求低、易于集成等优点。因此，关于超表面的研究已成为超颖材料研究领域中最热门的论题之一。

介观电磁均一化理论及应用

在超表面的科研范畴内,已发表的学术报道主要涵盖两方面的内容:第一,基于超表面的新应用和新器件;第二,超表面的电磁均一化理论和技术。关于前者的报道在数量上远远超出后者,这从侧面反映了社会生产对于科技的实际需求。但是,从科学意义上说,超表面的电磁均一化理论具有更深远的影响,该理论不仅为超表面的设计和结构优化提供了高效、准确的科学手段,还有助于科研工作者更好地理解超表面单元间的微观电磁耦合与宏观电磁特性的内在联系,进而有望为超表面提供一种通用的设计方法。

2011 年,Capasso 教授的课题组提出了广义斯涅耳定律,该定律解释了超表面实现电磁波波前控制的工作原理,即可以通过设计超表面单元结构的不连续相位梯度来实现对波束传播方向的控制。该单元采用的是 V 型结构的纳米天线,通过改变 V 型纳米天线的臂长和张角,可以实现交叉极化透射波相位从 $-\pi$ 到 π 的连续变化,因此通过合理选择阵列的单元结构,可以实现波束偏折的功能,如图 7.1(a) 所示。进而他们用该 V 形纳米天线设计了螺旋相位板,如图 7.1(b) 所示,该超表面被均匀地分成八块,相邻区域的相位差为 $\pi/4$,实现了等相位面呈螺旋分布的涡旋波束。

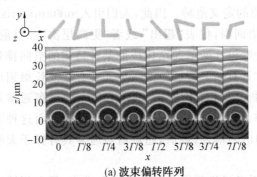

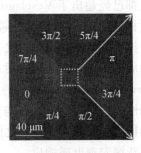

(a) 波束偏转阵列 　　　　　(b) 相位分布及涡旋波束

图 7.1　波束偏转阵列及螺旋相位板相位分布及产生的涡旋波束

2012 年,Capasso 教授课题组设计了工作在近红外波段的超表面聚焦成像透镜。如图 7.2(a) 所示,该超表面透镜同样采用 V 型结构天线按照所需要的相位分布排列而成,分别设计并制备了可实现聚焦功能的平面透镜和可以产生无衍射贝塞尔波束的平面轴棱锥。该结果表明超表面波束相位不连续的概念可以应用于平面透镜和平面棱锥的设计,并可以实现波束聚焦的功能,如图 7.2(b) 所示。

2013 年,Ni 等学者提出了一款可以实现可见光聚焦的超表面。如图 7.3(a) 所示,该超表面透镜由同心排列的巴比涅互补 V 型等离子体纳米天线组成。该纳米天线可以产生所需要的离散化相位突变并调制交叉极化电磁波的波阵面。该超表面具有的较大色差的特性可以在小的微米级区域中分离不同波长的光,表现出宽带的聚焦特性。同时,巴比涅互补结构的设计可实现较以前的金属纳米天线相比高出 20 倍以上信噪比的效果。如图 7.3 所示。

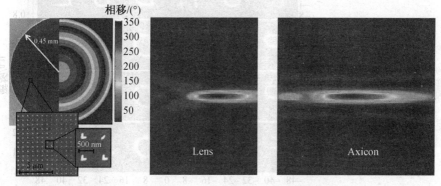

(a) 平面透镜示图　　　　　(b) 不同透镜聚焦场分布图

图 7.2　平面透镜结构及聚焦场分布示意图

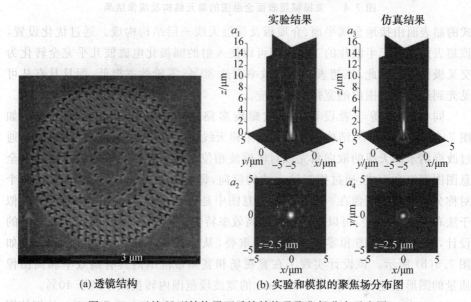

(a) 透镜结构　　　　　(b) 实验和模拟的聚焦场分布图

图 7.3　互补 V 型结构平面透镜结构及聚焦场分布示意图

同年,该课题组用相同的互补巴比涅 V 型等离子体纳米天线实现了超薄全息超表面。该全息超表面厚度仅为波长的 1/23。如图 7.4 所示,该超表面可以在可见波长范围内提供振幅和相位的调制,从而生成高分辨率、低噪声的图像。实验结果证明了利用纳米结构等离子体超表面调制振幅和相位来制作复杂全息图的可行性。

2015 年,伯明翰大学的 Zheng 等学者设计并实现了一款具有高效率和超带宽的纯相位全息超表面,多层结构设计用于实现电磁波的高效率转换。该反射

(a) 单元结构　　　　　　　　(b) 全息成像结果

图 7.4　复振幅超表面全息图的单元结构及成像结果

式的超表面由接地金属平面、介质板及顶层天线三层结构构成。通过优化设置，该超表面类似于半波片的工作原理可以使入射的圆极化电磁波几乎完全转化为交叉极化波。因此，该超表面衍射效率高达 80%，零阶效率极低，而且具有从可见光到近红外范围内的宽带光谱响应。

　　同年，Wen 等学者设计了一款螺旋多路复用的纯相位全息超表面。如图 7.5(a) 所示，单元结构为简单的纳米棒天线，在同极化电磁波入射条件下，通过改变纳米棒天线的取向角完成对电磁波相位轮廓的控制。该超表面由两组全息图图案组合而成，通过控制输入波的旋向，即右旋圆极化或左旋圆极化，两个对称分布的离轴图像在一个相同的全息图中是可互换的。三层结构的设计类似于法布里－帕罗腔，可以实现图像的高效率特性。同时，使用图像重建在轴外的设计，避免了全息图和零级点之间的重叠，从而显著增加了图像的信噪比，如图 7.5(b) 所示。该设计实现了在宽视场和宽频带范围内具有高效率和高图像质量的图形重建，在 620 ～ 1 010 nm 的宽波段范围内转换效率高于 40%。

　　2016 年，Capasso 教授课题组设计了一款高性能的电介质超表面。他们使用原子层沉积无定型的二氧化钛，通过自下而上的纳米加工工艺制备电介质超表面。该原子层沉积的制作工艺可以实现高纵横比，各向异性的电介质纳米结构使其可以达到表面粗糙度小于 1 μm、光学损耗可以忽略的效果。该电介质超表面可以实现红光、绿光和蓝光波长范围内的全息成像，绝对效率大于 78%。该工艺解决了典型的自上向下技术可能会引入显著的表面粗糙度以及难以创建所需光学相位轮廓的亚波长采样的问题。

　　同年，新加坡国立大学的 Huang 等设计并制备了一款可用于实现圆极化电

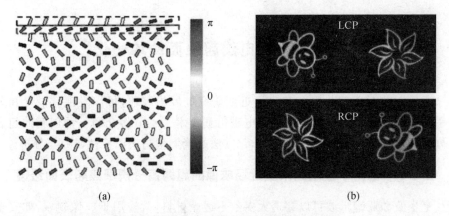

图 7.5　超表面单元结构及全息成像示意图

磁波全息成像的透射式电介质超表面。该超表面由硅材料构成,如图 7.6(a) 所示,通过精确地控制方向不同的硅纳米天线,实现了 8 阶几何相位调制,从而实现了三种颜色的全息图像,没有出现高阶衍射和双像问题,如图 7.6(b) 所示,并证明了所有硅基元器件都可以直接集成到硅光子电路中,不需要其他附加元件,也不需要牺牲性能,这为超材料在光子集成电路中的应用奠定了坚实的基础。

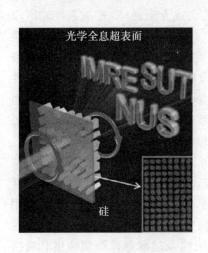

(a) 超表面结构及全息成像示意图

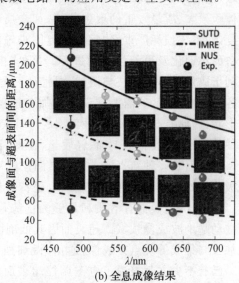

(b) 全息成像结果

图 7.6　超表面结构示意图及其全息成像结果

7.2　聚焦型电磁超表面的均一化

通过上节对于超材料和超表面近期研究进展的综述,可以发现其设计和分析手段主要依赖于耗时低效的全波电磁仿真技术。本节将介绍一种创新的超表面分析和设计手段,即基于电磁均一化方法的聚焦型超表面特性研究与分析。

7.2.1　适用于被动毫米波近场成像的超薄高分辨聚焦超表面透镜

毫米波和亚毫米波可以穿透大多数不透光材料,常被用于成像领域,如安全检查、生物医学诊断、无损检测、遥感、穿墙成像等。当前,毫米波成像技术正朝着高温度分辨率、高空间分辨率、大视域、小型化和实时成像方向快速发展。相较于主动毫米波成像技术,被动毫米波成像技术由于其成像体制,具备快速成像、零电磁辐射、隐蔽性好及零闪烁效应等优点,备受工业界与学术界的青睐。透射式或者反射式焦平面阵列被动毫米波成像体制广泛应用于被动毫米波成像领域,然而为了提高成像系统的分辨率,已报道的焦平面被动毫米波成像系统采用体积硕大、质量较重的聚焦部件,如金属反射面或介质透镜,造成系统光路设计复杂、系统损耗严重、装配与调整困难等缺点,这无疑会阻碍被动毫米波成像设备的小型化及更新换代的进程。另外,由于此类聚焦部件体积大、质量大,极不利于成像设备的安装与调试,同时对于大型人体成像设备而言,此类聚焦部件很容易发生形变,这需要在设计与加工过程中添加辅助结构保持良好的结构曲线形状,因此有必要寻求一种新型的可替代聚焦部件,在保持传统聚焦部件电磁特性的前提下,具备低剖面、轻质化、波束调控更加灵活的优点。

超表面是一种新兴的人工电磁调控材料,可以通过改变电磁波的幅度、相位和极化方式灵活地实现非常规的电磁特性调控。作为 3D 超材料更具可实现性的二维形式,超表面有潜质和足够的优势代替传统的反射面或者介质透镜应用于被动毫米波成像领域。超表面因其低剖面、轻质化、低损耗、高功能集成度、易于加工与集成等优点在成像、通信、微细加工、天线及超薄器件等领域极具吸引力。已有不少文献报道了电磁调控超表面用于微波与光学成像,但在毫米波波段将其与被动辐射计结合用于实际成像系统尚属首例。

本节尝试在毫米波波段将超表面波束调控技术应用于 8 mm 被动毫米波近场成像系统,采用一种经典的严格对称的同轴圆环孔径单元结构构建透射型超表面用以实现宽带、宽入射角、高效率、极化不敏感的聚焦型超透镜作为辐射计接收天线 —— 喇叭天线的聚焦透镜。通过理论设计与三维全波仿真验证,当馈源喇叭天线以 -10 dB 主瓣波束宽度正馈时,该聚焦超表面透镜(93 mm ×

93 mm)在 35 GHz±2 GHz 频率范围内在距离透镜 42.85 mm 处聚焦,-3 dB 焦斑大小约为7.37 mm(衍射极限约为 5.83 mm)。实测结果表明,将该超表面透镜天线与 Ka 频段直接检波式辐射计结合起来,被动毫米波近场成像系统可以实现3.5 mm 的空间分辨率,约为 0.41 倍波长。将超薄型超表面透镜整合到被动毫米波近场成像系统中,可以使系统具备诸多优势,如代替传统的笨重的双曲面介质透镜或反射面聚焦天线(如双焦椭球面)、简化传统被动成像技术复杂的光路设计、减少系统光路损耗、提高系统空间分辨率、成本低廉、像素点采集调控灵活。理论设计、全波仿真及实验测试验证均表明超表面透镜将为被动毫米波成像技术提供一条新的技术实现手段。

7.2.2　结构单元的几何结构与电磁特性

超表面的"宏观"电磁特性本质上是"微观"结构单元以阵列形式的集中体现,当然其关键性能也受限于每一个结构单元的特性,所以选取适合于被动毫米波成像技术的结构单元至关重要,需要基于此类应用背景慎重选取。

首先,在被动毫米波成像系统中,不同目标物体辐射或反射的电磁波极化方式多数是不固定的(从统计角度讲,可以认为目标物体辐射或反射电磁波的极化是无规则的椭圆极化,这个是统计概念量),这一特点要求所设计的超表面透镜可以接收任何形式的极化电磁波,即要求超表面具有极化不敏感特性,而这一特性又要求超表面透镜在物理层面上具备结构对称性。众所周知,在平面几何中,圆形是最好的严格对称的结构形式,因此本节设计的结构单元采用圆环槽缝结构,以满足极化不敏感特性的要求,降低系统极化接收失配损耗。

其次,考虑到超表面的实际馈源,如波纹喇叭或者介质棒天线,在超表面不同区域上入射电磁波入射角度是不同的,这就要求超表面结构单元对电磁波入射角度不敏感,尽可能地在较大入射角度范围内保持正入射时的透射波幅相特性,显然圆形结构可以满足这种要求。

此外,为了任意、精准地调控电磁波波束,要求超表面透镜结构单元的相位响应能够在 360°范围内"连续"可调(结构单元的相位响应随结构单元可加工或可分辨的物理尺寸在 360°范围内尽可能"连续"变化)。另外,被动毫米波成像系统光路损耗对系统的温度灵敏度与空间分辨率影响很大,要求超表面透镜尽可能无损耗透射电磁波以降低对系统关键指标的影响,即超表面透镜的透射系数要足够大(如透射率均高于 0.85)。为了满足这些幅相特性要求,本节采用透射率较高的层叠式孔径结构单元。

基于以上几点考虑,本节采用对称型三层同轴圆环孔径结构单元作为超表面透镜的幅相调控单元,如图 7.7 所示,图 7.7(a)CAAs 结构单元的物理结构;图 7.7(b) 和图 7.7(c) 在 33 ~ 37 GHz 频率范围内 CAAs 结构单元参数 R_{in} 从

0.4 mm 到 1.47 mm 时相应的幅相响应;图 7.7(d) 和图 7.7(g)、图 7.7(e) 和图
7.7(h) 与图 7.7(f) 和图 7.7(i) 分别为内圆贴片半径 $R_{in}=0.5$ mm、0.9 mm 与
1.3 mm 对应的三种典型结构单元随着入射波入射角度变化的幅相响应曲线。
三层同心圆环孔径结构单元由叠层金属－介质－金属构成,三层金属附着于两
层厚度为 0.787 mm 的 RT/duroid 5880 介质板(介电常数为 2.2)上,结构单元重
复周期 $p=3$ mm,圆环外半径为 $R_{out}=1.5$ mm,圆环内半径 R_{in} 作为唯一的结构
变量在 0.4～1.4 mm 范围内变化。这里需要强调的是 Rogers 基板 5880 的选取
综合考虑了 2.20 的介电常数有利于超表面与空气的阻抗匹配和较低的介质板
损耗。

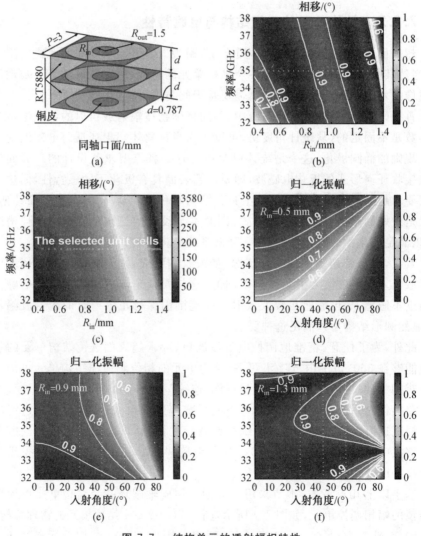

图 7.7 结构单元的透射幅相特性

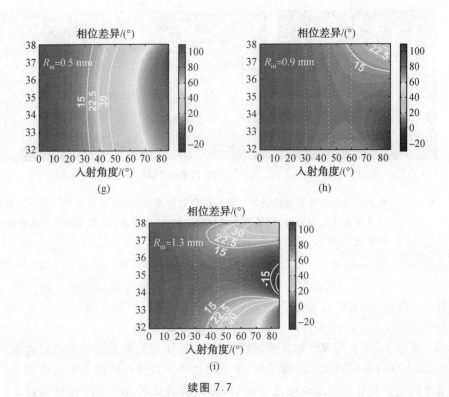

续图 7.7

从图 7.7 中 CAAs 的幅相响应曲线可以发现,当改变圆槽内半径 R_{in} 时,在感兴趣的频段(33 ~ 37 GHz)该结构单元的透射系数基本保持在 0.85 以上,相位覆盖范围达到 360°,满足设计要求。另外,由于在毫米波波段实际馈源辐射电磁波前类似于球面波前,因此需要考查该结构单元在斜入射情况下的透射波幅相响应,正如图 7.7(d) ~ (i) 所示。本节给出了三种典型结构单元在不同入射角度照射下的幅相响应。不难发现,该结构单元可以在至少 45° 入射角度范围内保持正入射时的幅相响应特性,透射系数变化范围保持在 0.05 以内,相位变化最大不超过 22.5°,完全满足实际馈源照射超表面时的斜入射角度范围。另外,该设计也考察了该结构单元对入射波极化方式的敏感度问题,发现该结构单元在水平极化、垂直极化及圆极化入射波照射下均保持高度一致的幅相响应特性,仿真结果并未在此处展示。

7.2.3　聚焦超表面透镜的理论设计与建模

采用实验室常用的 Ka 波段的角锥喇叭天线作为超表面透镜的馈源,为了保证至少 −10 dB 边缘照射电平(约 24° 空域范围),同时考虑到试验性成像系统的紧凑性,这里将角锥喇叭天线放置于距离超表面 10 倍波长处,根据相应的几何关

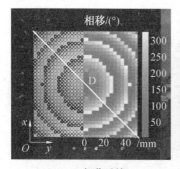

(a) 超薄透镜   (b) 搭建的二维裙动毫米波成像系统

图 7.8   实际加工的超表面透镜及其二维相位分布图及由 Ka 波段的角锥喇叭、Ka 频段
的直接检波式辐射计、超表面透镜与吸波材料(含被测件)组成的验证性被动成
像系统

系可以计算出超表面的口径尺寸。如图 7.8 所示,超表面口径尺寸为
93 mm×93 mm。当馈源和超表面设置完成后,需要考虑透镜的焦距问题。为
不失一般性,本书将透镜焦距设置为 5 倍波长,这样可以保证一个较小的焦斑
尺寸。

实际上,为了实现结构紧凑的成像设备,往往将馈源放置在距离超表面不远
处,如本节所采用的实验成像系统,很显然这种配置会造成馈源电磁波到达超表
面不同位置处所呈现的相位是不同的,所以就需要超表面额外提供因馈源辐射
电磁波在空间中积累的相位差。采用 FDTD 法计算馈源在超表面平面上的相位
分布,为了实现聚焦需要保证超表面上任意位置处的电磁波到达焦点时相位相
同,在平面波照射下根据几何光学原理计算出超表面上任意点 (x,y) 到焦点位置
在空间上累积的相位,最终超表面上的相位分布满足

$$\varphi(x,y) = 2\pi/\lambda_0 \times (\sqrt{x^2 + y^2 + f_d^2} - f_d) + 2n\pi + \varphi(0,0) + \varphi_{\text{horn}}(x,y)$$

(7.1)

式中,$\varphi(0,0)$ 为超表面中心位置处的结构单元的透射相位。

当确定了超表面的理想相位分布后,接下来需要从 7.2.2 节中建立的
unitcell 数据库中筛选出所需相位的结构单元,排布于超表面透镜的相应位置,
用 unitcell 提供的相对相位逼近超表面实现聚焦所需的理想相位。如图 7.8 所
示为由同心圆环槽结构单元构建的超表面模型和相应的离散化理想相位分
布图。

7.2.4   聚焦超表面透镜的仿真与测试

借助 3D 全波仿真软件 CST 对所设计的超表面进行建模与仿真,为了减少网格数
量与仿真运行时间,同时减轻计算机资源消耗,采用等效近场源的方式代替实际馈

源。为了进一步考查所设计的超表面的电磁聚焦特性，搭建了一个超表面测试平台（图7.8），该平台主要由 Agilent PNA—XN5227 矢量网络分析仪、超表面、Ka 频段喇叭天线及 Ka 频段探针组成。如图 7.9 所示为不同频率下馈源在有无超表面条件下的仿真与测试的电场分布图。图 7.9(a) 和图 7.9(e) 为角锥喇叭馈源在 yOz、xOz 和 xOy 平面上的电场强度分布；图 7.9(b) 和图 7.9(f)、图 7.9(c) 和图 7.9(g) 及图 7.9(d) 和图 7.9(h) 分别为超表面在 33 GHz、35 GHz 及 37 GHz 频率上的电场强度分布；图 7.9(i) 和图 7.9(j) 分别为馈源和超表面在 35 GHz 对应的焦平面上过焦点沿 y 轴和 x 轴方向的仿真与测试的归一化场强分布。

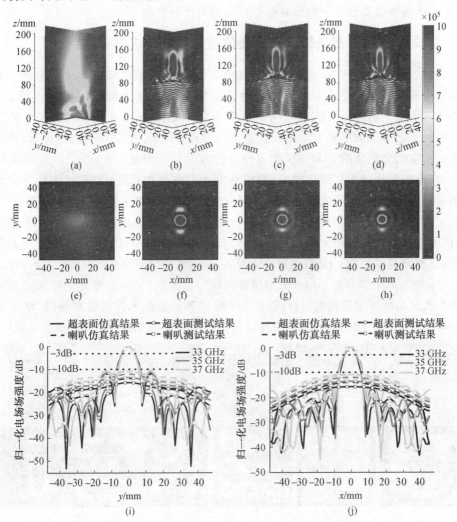

图 7.9　馈源和馈源照射下的超表面的二维电场分布仿真结果

图 7.9 表明，超表面在透射区域内 33 GHz、35 GHz 和 37 GHz 频点上产生了

较强的纵向电场强度分布,分别聚焦于距离超表面 40.5/47.5 mm、42.5/50.5 mm 和 44.5/53.5 mm(仿真与测试结果)位置。同时,在焦平面上沿 x 轴方向焦斑的半功率波束宽度分别为 7.5 mm、7.3 mm 和 7 mm,相应副瓣电平分别为 -11.82 dB、-10.93 dB 和 -10.58 dB,与测试结果保持良好的一致性。由于极化耦合效应,主极化方向(y 轴方向)的焦斑尺寸相比于 x 轴方向的焦斑尺寸略大,但总体呈现出圆对称性。不难发现,理论设计的焦距与仿真和实测结果三者之间存在一定的差异,这主要是因为所设计的超表面透镜的菲涅尔数较小,势必会存在一定的焦斑偏移现象。同时,不同 unitcell 间的耦合效应产生的 unitcell 幅相误差也会导致仿真结果与理论及实测数据不一致。

7.2.5 基于超表面聚焦透镜的被动毫米波成像测试验证

通过将超表面与 Ka 频段的角锥喇叭馈源、直接检波式辐射计级联构建一个单传感器成像器,进一步考查超表面在实际成像系统中的电磁聚焦性能,如图 7.8 所示。超表面的仿真与测试结果表明 x 轴方向的半功率波束宽度约为 7.6 mm,沿 y 轴方向的半功率波束宽度约为 7.8 mm。根据瑞利判据可知,成像系统的空间分辨率沿 x 轴与 y 轴方向分别为 3.8 mm 和 3.9 mm。在实际系统中,由于辐射计属于宽带接收,且系统链路上存在附加损耗,如辐射计自身引入的噪声等,将造成实际成像的空间分辨率略微下降,因此当采用不同大小的 3×3 的正方形金属铜片阵列作为被测件去衡量单传感器被动成像设备的空间分辨率时,测试结果表明空间分辨率有所下降,如图 7.10(a)(b)(c)所示。在 x 轴方向上,空间分辨率约为 4 mm;而在 y 轴方向上,其空间分辨率在 4.5 mm 左右;且在 x 与 y 轴方向上存在 1.5 mm 的边缘模糊效应。如图 7.10(d)所示为哈尔滨工业大学英文名称首字母缩写"HIT"的光学照片和被动毫米波成像原始图,结果表明本节所设计的超表面可以代替传统的聚焦部件应用于被动毫米波成像系统。

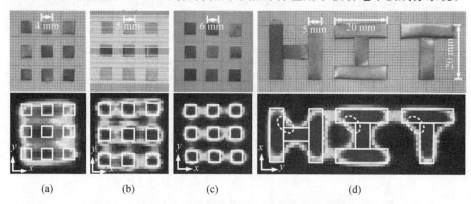

图 7.10   空间分辨率测试与单传感器被动毫米波成像结果

7.2.6 超表面透镜聚焦特性的电磁均一化分析

电磁均一化理论为提取超表面透镜等效电磁参数提供了一种有效的工具，也可以提供一种更好地从宏观上解释功能超表面工作原理的方法。因此，从 CST 微波工作室全波模拟产生的散射参数中提取了不同 R_{in} 的 CAAS 的等效折射率（n_{eff}）。在 CST 中，对 CAAS 进行建模，并将单元边界条件应用到边界上，采用 Floquet 端口激励结构，吸收散射场，计算所需的散射参数，然后应用式(6.55) 来消除确定折射率时的多值问题。$R_{in} = 0.5$ mm、0.9 mm 和 1.3 mm 的三种典型 CAAS 的等效折射率如图 7.11(a) 所示。为了更清楚地说明超表面的宏观工作原理，在图 7.11(b) 中比较了理论相位图和从超表面 x 方向提取的等效相位图。一方面，理论相位分布可以通过几何光学（费马原理，式(7.1)）来计算，如图 7.11(b) 中的实心黑色曲线所示。另一方面，由图 7.11(b) 中圆圈所示的提取等效相位图（$phase_{eff}$）可用 $phase_{eff} = k_0 d n_{eff}$ 来计算超表面各单元的等效折射率（n_{eff}），其中 k_0 表示自由空间中的波数，n_{eff} 是提取的聚焦超表面单元的等效折射率，d 表示超表面的厚度。值得注意的是，选择包括沿超表面 x 方向中心行的 CAA 来生成图 7.11(b) 中的圆圈。如图 7.11(b) 所示，所提取的等效相位与理论相位图吻合良好，最大相位差仅为 18°，从而可以从另一个角度解释电磁波的聚焦现象，即提取的等效折射率。

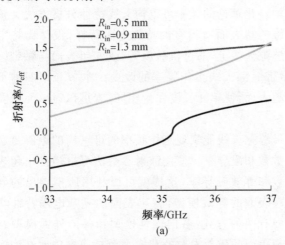

(a)

图 7.11 由散射参数法逆推的超表面等效折射率与等效相位
分布和超表面理想相位分布的对比

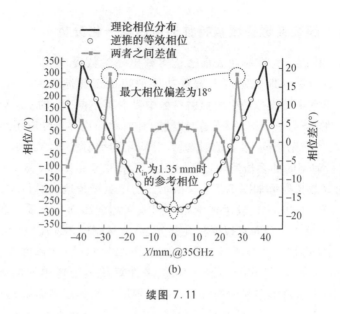

续图 7.11

7.3 基于超表面的频率可重构天线特性分析与设计

本节介绍基于均一化理论的频率可重构天线特性分析方法。该类型频率可重构天线是根据二维的超表面所具有的特殊电磁特性,设计出特定单元结构的超表面加载在微带缝隙天线上,通过机械旋转,改变超表面与微带缝隙天线的相对位置,可以实现微带缝隙天线工作频率的改变。本节介绍四种不同结构的可以实现频率可重构超表面,使单元长度保持相同,着重探讨单元长宽比对天线性能的影响。

超表面加载微带缝隙天线能实现工作频率的可重构的原因是旋转超表面改变了超表面的介电常数和磁导率。使用散射参数法可以逆推出超表面各个旋转角度的等效介电常数和等效磁导率,这样就可以利用所推导出的等效介电常数和等效磁导率建立超表面的等效模型,将超表面的复杂电磁特性均一化。超表面的电磁均一化主要有两种方式:各向同性模型和各向异性模型。这两个模型有着各自的特点。超表面的散射参数的获取主要是通过单元结构的电磁仿真得出。本节将应用散射参数法对超表面进行电磁均一化,来验证散射参数法的有效性,为了行文简洁,只给出等效后的 S 参数,未给出方向图。

7.3.1 频率可重构天线超表面等效电磁参数的获取

通常超表面是由某一单元结构进行周期性的重复而得到的。在实际仿真设计中要获取超表面的散射参数,如果通过对超表面的全部单元结构进行电磁仿真,需要耗费大量的计算机资源,使设计的周期变得很长,效率低下。CST微波工作室中提供了便于周期结构仿真的仿真方法,只需要建立周期结构的单元,在单元结构两端加上Floquet端口,设定好Unitcell边界条件,软件会自动按照给定的单元进行周期扩展,按照周期性结构进行仿真,大大减轻了工程设计人员的工作量,提高了设计的效率。如图7.12所示为单元结构的仿真模型。在CST中建立单元结构并在单元结构的两端分别加上Floquet端口,就可以模拟在电磁波照射下的超表面整体结构,通过电磁仿真得出超表面的散射参数,然后再利用散射参数法得出超表面的等效电磁参数。

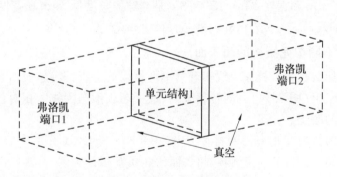

图7.12 单元结构的仿真模型

7.3.2 四种基于旋转超表面的频率可重构天线

1. 馈源缝隙天线

缝隙天线的设计中所用的介质基板材料是Rogers RO4358B,其参数为:介电常数为3.48,厚度为1.524 mm,缝隙天线的工作频率为5.25 GHz,缝隙长度为$Sl=\lambda/2=15$ mm,微带线的宽度为2 mm。由于超表面加载在微带缝隙天线上时,等效的电磁参数发生改变,因此为使天线的反射较小,经优化得出微带线的长度为20 mm。

由于要求超表面在旋转时有较好的对称性,因此超表面和天线基板应该采用对称性特别好的圆形。为了使超表面和天线在任意旋转角度都能紧密贴合,使超表面和天线的介质基板的半径相等,应根据微带馈线的长度来选择基板的尺寸,在CST微波工作室中建立起微带缝隙天线的仿真模型来进行缝隙天线的电磁仿真,微带缝隙天线的CST模型如图7.13所示。

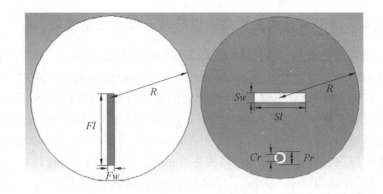

图 7.13　微带缝隙天线的 CST 模型

　　微带缝隙天线模型参数如下:R 为基板的半径 25 mm;Fl 和 Fw 表示微带馈线的长度 20 mm 和宽度 2 mm;Sl 和 Sw 是缝隙的长度 16 mm 和宽度 3 mm;Cr 和 Pr 是同轴线内芯直径 2 mm 和外芯直径 4 mm。

2. 四种不同单元结构的超表面

　　超表面加载在微带缝隙天线实现频率可重构的过程是将超表面直接放置在微带缝隙天线上(图 7.14)。旋转超表面、改变超表面与天线的相对位置就能实现工作频点的改变。

　　超表面的介质基板采用的材料为 Rogers RO4350B,其介电常数为 3.48,厚度为 1.524 mm。为了方便旋转,超表面的介质基板设为圆形,半径与微带缝隙天线介质基板半径相等,这样能够与微带缝隙天线更好地贴合。本节共介绍四种超表面结构,分别为线形单元超表面、长轴短轴比为 10 的椭圆结构超表面、长轴短轴比为 3 的椭圆结构超表面和圆形单元超表面(图 7.15)。在四种结构的超表面结构设计中,单元结构的长度 Cl(圆形单元结构为 $2r$) 均为 14 mm,相邻超表面单元的横向和纵向间距均相等,其中超表面相邻单元横向间距 Uw 为 2.3 mm,超表面相邻单元纵向间距 Ul 为 1 mm,这样就保证了单元结构的长宽比值为唯一变量。这样设置的目的是揭示此类频率可重构天线的可调频率范围与超表面单元对称性之间的联系。

　　四种结构的超表面的仿真结果分别是:线形结构的超表面加载微带缝隙天线的长宽比为 46.7,其频率可重构变化范围为 958 MHz,最大;长轴短轴比 $\dfrac{Cl}{Cw}$ 为 10 的椭圆结构超表面加载微带缝隙天线的频率可重构变化范围为 808 MHz,次之;长轴短轴比为 3 的椭圆结构超表面加载微带缝隙天线的频率可重构变化范围为 660 MHz,又次之;圆形结构的超表面加载微带缝隙天线的长宽比为 46.7,其频率可重构变化范围为 96 MHz,最小。总之,通过四种结构的超表面的仿真

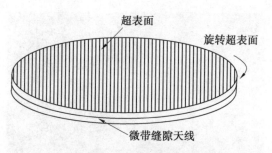

图 7.14　超表面加载在微带缝隙天线上示意图

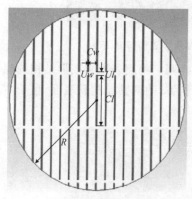

(a) 线形单元超表面

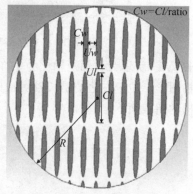

(b) 长轴短轴比为10的超表面椭圆结构

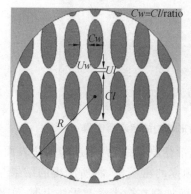

(c) 长轴短轴比为3的超表面椭圆结构

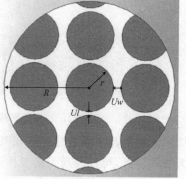

(d) 圆形单元超表面

图 7.15　加载上馈源缝隙天线表面的四种超表面结构

结果,可以发现单元结构的不对称性会影响天线工作频率的可重构范围。不对称性越大,则超表面加载在天线上时,天线的工作频率可重构范围越大。

　　本节选取了微带缝隙天线、长轴短轴比为3的椭圆结构超表面和线形结构的超表面进行了实物加工,并进行了测试。如图 7.16 所示为微带缝隙天线正面与背面,左边是微带缝隙天线的正面图,右边是微带缝隙天线的背面图。

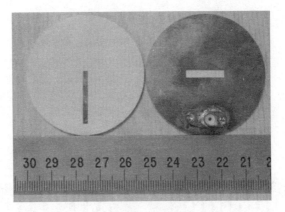

图 7.16　微带缝隙天线正面与背面

如图 7.17 所示为长轴短轴比为 3 的椭圆结构超表面和线形结构的超表面加工的实物图形。位于左边的是长轴短轴比为 3 的椭圆结构超表面,位于右边的是线形结构的超表面。

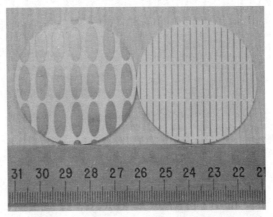

图 7.17　椭圆和线形结构的超表面实物

将线形结构的超表面直接加载在微带缝隙天线上,通过转动超表面,改变超表面与天线的位置,可以实现天线工作频率的可重构,将所测得的结果与仿真的结果绘制在图 7.18 中。可以看出,超表面加载在微带缝隙天线上时,实现了频率可重构,且仿真结果与实验结果较好地吻合。仿真与实测的结果在各个谐振点处均有 $S_{11} < -10$ dB。

将长轴短轴比为 3 的椭圆形结构超表面直接加载在微带缝隙天线上,通过转动超表面,改变超表面与天线的位置,可以实现天线工作频率的可重构,将所测得的结果与仿真的结果绘制在图 7.19 中。可以看出,超表面加载在微带缝隙天线上时,实现了频率可重构,仿真结果与实际测试时,天线的工作频率都是随着超表面与天线的相对位置而线性的改变,且仿真结果与实测结果较好地吻合。

仿真与实测的结果在各个谐振点处均有 $S_{11} < -10$ dB。

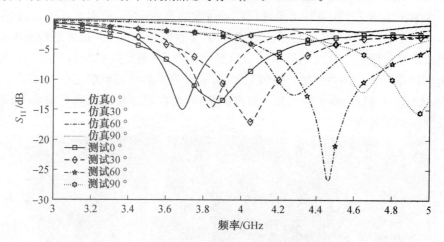

图 7.18　线形结构的超表面天线仿真与实测 S_{11}

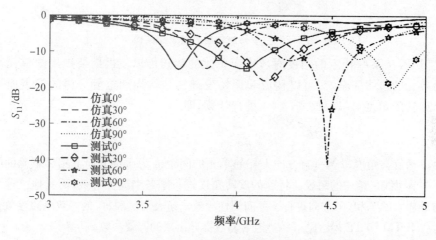

图 7.19　长轴短轴比为 3 的椭圆超表面天线仿真与实测 S_{11}

7.3.3　超表面的各向同性等效模型

　　各向同性等效模型是将超表面等效成各向同性的均匀媒质模型。各向同性模型每个角度的等效都需要对该角度的超表面单元进行电磁仿真。使用 TE 模或者 TM 模对超表面单元进行激励,得出单元的散射参数,然后用散射参数法推导出等效参数,最后再建立各向同性的均匀媒质模型代替实际的超表面加载在天线上进行仿真。

　　由第 5 章可知超表面厚度会对均一化结果产生较大的影响,需要通过不同层数的多层单元的阻抗差值最小来确定厚度,再进行后续仿真。单元仿真的习惯与使用的电磁软件有关,在 CST 微波工作室中将 Unitcell 边界设置为与坐标系的 x 轴和 y 轴平行,如果对单元进行任意角度的旋转,单元结构可以转动,但是 Unitcell 的边界条件却不跟随单元结构旋转,导致按照 Unitcell 边界进行周期扩展而成的超表面不能与设计的单元的边界完全重合,则经过扩展得到的超表面结构不再是原始设计的模型。如图 7.20 所示为圆形的超表面单元在旋转了 60° 后,在 CST 中进行周期扩展得到的超表面结构,可以看出单元之间有重叠,与原超表面结构相比发生了改变。

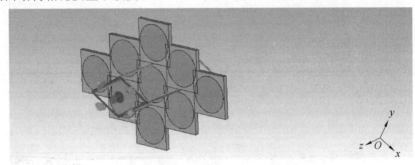

图 7.20　单元旋转后的超表面结构

但是,在某些特定的角度对超表面单元的旋转可以使得周期扩展的单元与原始单元的边缘完全,又可以构成和原始设计的结构周期重复一样的超表面结构。旋转的角度可以根据式(7.2)进行计算,即

$$\theta = \arctan \frac{b}{na}, \quad n = 1, 2, 3, \cdots \tag{7.2}$$

式中,θ 为旋转角度;a 为垂直方向上相邻单元的间距;b 为水平方向上相邻单元的间距。本节对线形结构的超表面特殊的旋转角度进行了各向同性等效,而其他三种结构均只选取了 0° 和 90° 方向进行了各向同性等效。超表面 0° 和 90° 的等效电磁参数分别对应于 TM 和 TE 模激励下经过散射参数推导出来的等效参数。

1. 线形单元

首先在 0° 方向仿真模型加上 TE 模式的波得出 TE 模激励下的散射参数,再加上 TM 模式的波得出 TM 模激励下的散射参数。将所得线形结构超表面的散射参数代入逆推公式,考虑超表面的厚度影响,就可以得到 TE 模和 TM 模激励下的超表面等效电磁参数,如图 7.21 所示。

从图 7.21 中可以得到 TE 模和 TM 模式激励下的线形结构的超表面等效电磁参数。TM 模式激励下的等效介电常数为 31.82 + 1.776i,等效磁导率为 1.389 + 0.222 9i;TE 模式激励下的等效介电常数为 3.523 + 0.013 17i,等效磁导率为 0.974 6 + 0.013 51i。TM 模下,等效介电常数和等效磁导率的虚部比较大,需要考虑损耗;而 TE 模下的等效介电常数和等效磁导率的虚部较小,可

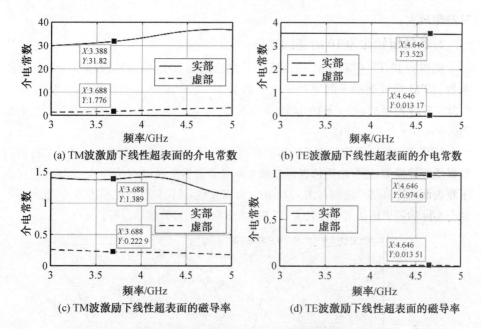

(a) TM波激励下线性超表面的介电常数　　(b) TE波激励下线性超表面的介电常数

(c) TM波激励下线性超表面的磁导率　　(d) TE波激励下线性超表面的磁导率

图 7.21　TE 模和 TM 模激励下的线结构的超表面等效电磁参数

以忽略。再考虑旋转后的单元,通过单元仿真并利用散射参数法,可以得到旋转
80.17° 后的超表面等效电磁参数。此时,超表面的等效介电常数为 3.653 +
0.378 3i,等效磁导率为 0.943 4 + 0.028 14i。

　　用所得的等效参数建立 0°、80.17° 和 90° 三个角度线形结构超表面的各向同
性媒质等效模型,并进行电磁仿真,得出频率变化范围,将结果与实际天线加载
超表面的仿真结果绘制在图 7.22 中,可以看到线形各向同性等效结果较差,在 0°

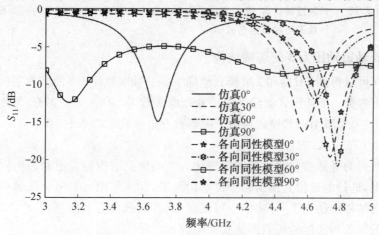

图 7.22　线形单元时各向同性等效和实际超表面天线的反射系数 S_{11}

时差距最大。

2. 长轴短轴比为 10 的椭圆结构

同理得到 TE 模和 TM 模式激励下的轴比为 10 的椭圆结构超表面等效电磁参数。TM 模式激励下的等效介电常数为 $19.9+1.354i$,等效磁导率为 $1.39+0.385\,5i$;TE 模式激励下的等效介电常数为 $4.078+0.046\,55i$,等效磁导率为 $0.994\,5+0.040\,78i$。

用所得的等效参数建立长轴短轴比为 10 的椭圆结构超表面在 0° 和 90° 的各向同性媒质等效模型,进行电磁仿真得出整个频率可重构范围,并将结果与实际天线加载了超表面的仿真结果绘制在图 7.23 中。可以发现,各向同性等效模型在 0° 方向的等效与实际的超表面仿真差距较大,而在 90° 方向时的等效效果较好。

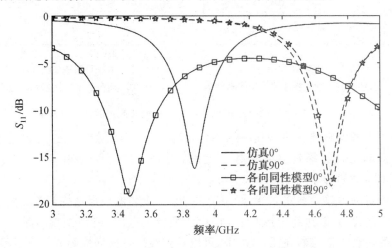

图 7.23　长轴短轴比为 10 的椭圆单元时各向同性等效模型与实际的超表面加载天线的反射系数 S_{11}

3. 长轴短轴比为 3 的椭圆结构

同样可以得到 TE 模和 TM 模式激励下的长轴短轴比为 3 的椭圆结构超表面等效电磁参数。TM 模式激励下的等效介电常数为 $19.04+1.045i$,等效磁导率为 $1.341+0.276\,4i$;TE 模式激励下的等效介电常数为 $7.031+0.295\,5i$,等效磁导率为 $1.076+0.203i$。

用所得的等效参数建立长轴短轴比为 3 的椭圆结构超表面的各向同性媒质等效模型,进行电磁仿真得出频率可重构范围,并将结果与实际天线加载了超表面的仿真结果绘制在图 7.24 中。可以发现,各向同性等效模型在 0° 方向和 90° 方向时的等效与实际的超表面仿真差距较大。

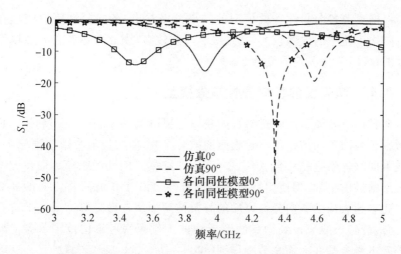

图 7.24　长轴短轴比为 3 的椭圆单元时各向同性等效模型与实际的超表面加载天线的反射系数 S_{11}

4. 圆形结构

对于由圆形单元组成的超表面,TM 模式激励下的等效介电常数为 $17.14 +$ $0.314\ 6i$,等效磁导率为 $1.239 + 0.078\ 15i$;TE 模式激励下的等效介电常数为 $18.69 + 1.295i$,等效磁导率为 $1.344 + 0.394\ 7i$。

用所得的等效参数建立圆形结构的超表面的 $0°$ 和 $90°$ 的各向同性媒质等效模型,进行电磁仿真,并将等效模型仿真的结果与实际的超表面仿真结果绘制在图 7.25 中。可以发现,各向同性等效模型与实际的超表面加载天线的仿真结果相差很大,但是在 $0°$ 方向等效的仿真结果与实际的超表面仿真差距比 $90°$ 方向时

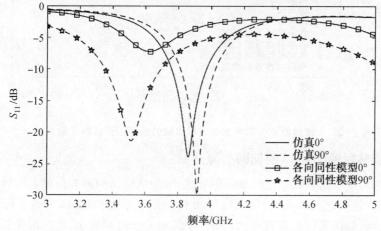

图 7.25　圆形单元时各向同性等效模型与实际的超表面加载天线的反射系数 S_{11}

要小。根据本节各向同性等效模型的结果可以看出,各向同性等效模型在超表面的电磁均一化中的误差较大,而且限制因素较多,因此采用各向异性模型来提高等效的精度,简化等效的复杂度。

7.3.4 超表面的各向异性等效模型

各向异性等效模型的电磁参数的获取主要分为两步:第一步,利用 TE 模式的波激励超表面单元结构得出超表面的散射参数,使用散射参数法推导出沿 TE 波所在方向的等效电磁参数;第二步,利用 TM 模式的波激励超表面单元结构得出超表面的散射参数,再使用散射参数法推导出沿 TM 波所在方向的等效电磁参数。建立超表面的各向异性媒质的等效模型加载在微带缝隙天线上进行电磁仿真,通过旋转天线来得到微带缝隙天线的工作频率可重构范围。各向异性模型的等效电磁参数在前面章节中详细给出。

1. 线形单元

用所得的等效参数建立线形结构超表面的各向异性媒质等效模型,进行电磁仿真,转动天线得出整个频率可重构范围,并与实际天线加载了超表面的仿真结果进行对比,如图 7.26 所示。可以看出,实际的线形结构的超表面和其各向异性等效模型加载在微带缝隙天线上时,天线在各个角度的工作频点基本吻合。

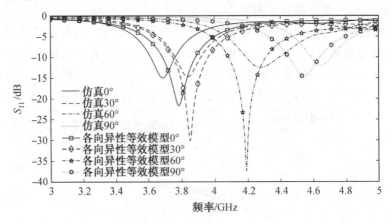

图 7.26　线形单元各向异性等效与实际的超表面天线的反射系数 S_{11}

2. 长轴短轴比为 10 的椭圆结构

用所得的等效参数建立长轴短轴比为 10 的椭圆结构超表面的各向异性媒质等效模型,进行电磁仿真,转动天线得出整个频率可重构范围,并与实际天线加载了超表面的仿真结果进行对比,如图 7.27 所示。可以看出,实际的长轴短轴比为 10 的椭圆结构超表面和其各向异性等效模型加载在微带缝隙天线上时,天线在各个角度的工作频点吻合得较好。

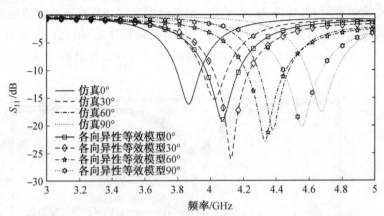

图 7.27　长轴短轴比为 10 的椭圆单元时各向异性模型与实际的超表面天线的反射系数 S_{11}

3. 长轴短轴比为 3 的椭圆结构

用所得的等效电磁参数建立长轴短轴比为 3 的椭圆结构超表面的各向异性媒质等效模型，对模型进行电磁仿真，转动天线得出整个频率可重构范围，并将结果与实际天线加载了超表面的仿真结果绘制在图 7.28 中。可以看出，实际的长轴短轴比为 3 的椭圆结构超表面和其各向异性等效模型加载在微带缝隙天线上时，天线在各个角度的工作频点吻合得较好。

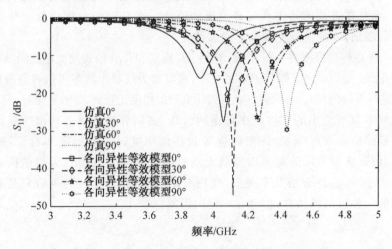

图 7.28　长轴短轴比为 3 的椭圆单元时各向异性模型与实际的超表面天线的反射系数 S_{11}

4. 圆形结构

用所得的各向异性参数建立圆形结构的超表面的各向异性媒质等效模型，

进行电磁仿真,转动天线得出整个频率可重构范围,并与实际天线加载了超表面的仿真结果进行对比,如图7.29所示。微带缝隙天线加载圆形结构的超表面,其频率可重构范围仅仅为96 MHz,而等效模型又存在误差,仿真的结果存在一定误差,但超表面等效模型加载在天线上与实际的超表面加载在天线上仿真结果基本还是吻合的。

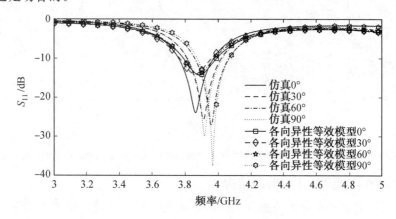

图 7.29   圆形单元时各向异性模型与实际的超表面天线的反射系数 S_{11}

7.3.5   各向异性与各向同性对比

各向同性等效模型需要对每一个转动的角度都对单元进行电磁仿真得到散射参数,而且在进行单元仿真时必须要知道每一个转动的角度应该加什么样的模式进行激励,才能得到正确的逆推参数。

各向异性模型只需要分别对单元进行 TE 模式和 TM 模式两次电磁激励就能够得到超表面的等效介电常数和等效磁导率,可以对天线整个频率可重构范围内的转动角度进行等效的仿真,各向异性在等效仿真时的精度比较高,等效效果好。

针对本节所给出的四种频率可重构天线,各向异性等效的精度明显比各向同性等效的精度要高得多,各向同性等效在低角度时等效精度非常低,失真严重,方向图形状与实际的超表面加载天线时的差别很大。而当天线谐振频率变化范围很小时,这种方法几乎失效,应用有限。总的来说,两种等效只是对超表面参数的一种近似的估算,都存在一定的误差。

7.4   基于均一化理论的广义布鲁斯特效应研究

自从 Sir David Brewster 和 Malus 观察到和解释了布鲁斯特效应以来,经典布鲁斯特效应在光学、太赫兹乃至微波领域应用十分广泛。目前常见的应用有极化器、分光棱镜、布鲁斯特角显微技术（Brewster angle microscopy，BAM）、介质光学特性测定、角度选择吸波体以及光学超传输现象（Extraordinary optical transmission，EOT）等。然而，这些基于经典布鲁斯特效应的应用往往受限于平行极化（TM 极化，又称 p 偏振）电磁波。例如，在大多数典型的激光谐振腔中，布鲁斯特窗的作用相当于一个极化器，最后产生的激光往往只能是 p 偏振（TM 极化）光。产生这种极化限制的原因在于，对于垂直极化（TE 极化，又称 s 偏振）电磁波而言，只有当其入射到磁性媒质时才会有布鲁斯特角，但自然界中大多数媒质的磁响应（尤其是在光学或太赫兹频段）通常都极其微弱。

因此，推广经典的布鲁斯特效应、寻找一种布鲁斯特角不受入射波极化限制的媒质显得尤为重要。这样的媒质可以实现角度"滤波器"的功能，且对极化不敏感，故能实现更高效的能量定向收集——如光学领域定向截取光能、利用几何角度进行波束选择等。

7.4.1　基于超表面的布鲁斯特效应研究现状

已有国内外学者利用超材料这类人工媒质在数值计算、软件仿真乃至实验等方面验证了广义布鲁斯特效应的可实现性，即让 TE 极化电磁波也具有了布鲁斯特角。而利用超表面来实现这一效应的研究较少，直至针对超表面的表面电磁极化率的描述出现，才有了关于利用超表面来实现广义布鲁斯特效应的相关研究。从电磁波频段上来看，现有关于广义布鲁斯特效应的研究主要集中于光学、太赫兹频段，而光学、太赫兹频段与微波波段在常用理论分析方法、加工工艺等方面存在差异，进而使得微波波段的相关研究并不能直接采用光学频段的研究方法或加工工艺。

1. 光学和太赫兹频段的相关研究

在可见光频段，Ryosuke 等早在 2008 年就设计了一种分层的金属－介质超材料，当波长为 450 nm 的 TE 极化电磁波以 71° 入射在该超材料表面时，反射波将消失，即实现了 TE 极化波的布鲁斯特角，其设计的超材料结构及反射系数随入射角变化的曲线如图 7.30 所示。

该超材料单元由两层厚度为 60 nm 的 Al_2O_3 中间夹杂一层厚度为 30 nm 的 Ag 构成。由于其采用的是非谐振的单元结构，因此其工作带宽较宽。此外，该研究还采用了场抽样的方法逆推了超材料的等效电磁参数，但这种方法需要通过仿真或实验获得超材料附近的电场及磁场值，实际计算过程较为复杂。

近年来，Ramón 等提出了一种全介质结构——硅纳米球阵列，分别消除了光学频段 TE 和 TM 极化电磁波入射时产生的散射波，实现了广义布鲁斯特效应。如图 7.31 所示，其从布鲁斯特角的微观形成原理出发，解释了布鲁斯特效应是由外部电磁场激发的电（磁）偶极子散射场相消造成的。其设计的超表面结构

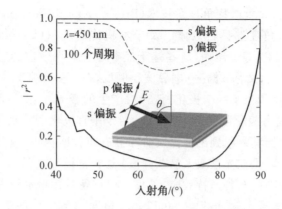

图 7.30　分层金属 - 介质超材料的广义布鲁斯特效应

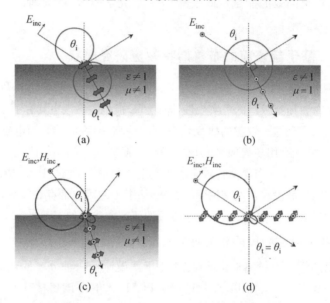

图 7.31　布鲁斯特效应的微观形成原理

及垂直极化电磁波反射系数随入射角、频率的变化曲线如图 7.32 所示。

　　类似地,高折射率(High - refractive index,HRI) 纳米光子结构也可用来实现广义布鲁斯特效应。该研究中采用了耦合电磁偶极子的解析公式来描述 HRI 结构,仅通过数值仿真验证了广义布鲁斯特效应。此外,异质结构光子晶体也能实现类似的效应。Y. Shen 等设计了一种角度选择表面,实现了小角度范围内可见光波段的全透射,如图 7.33 所示。 设计的超表面也是非谐振分层结构,如图 7.34 所示,且每层材料也都较常见:SiO_2(e_r=2)、甲基丙烯酸甲酯(MMA,e_r = 2.25) 和 Ta_5O_2(e_r=2)。

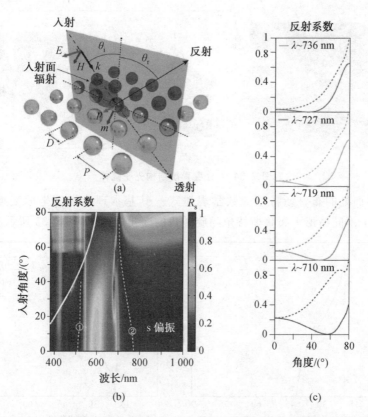

图 7.32　硅纳米球阵列超表面结构及光学频段垂直极化电磁波布鲁斯特效应

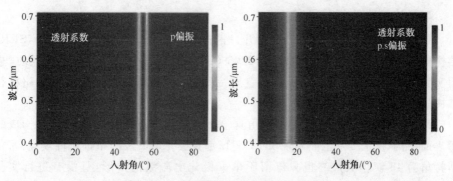

图 7.33　小角度范围可见光波段全透射

国内关于光学或太赫兹频段的广义布鲁斯特效应研究较少,且主要是理论分析。孙树林等研究了左手材料分界面处光波的传输特性,并据此推导了布鲁斯特角数学表达式,分析了左手材料分界面处布鲁斯特效应的不同之处。文献进一步考虑了媒质主轴与入射面参考坐标系不一致的情形,推导出了各向异性

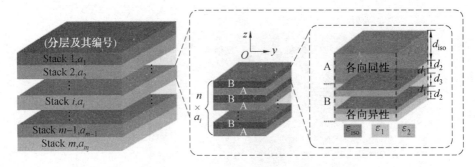

图 7.34　分层异质结构光子晶体

媒质分界面处的布鲁斯特效应数学表达式。其基本理论借助坐标变换进行分析,得到了不同情形下布鲁斯特角随旋转角的变化规律,如图 7.35 所示。

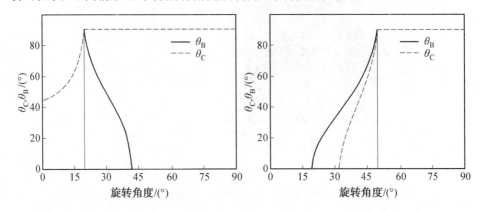

图 7.35　不同情形下布鲁斯特角随旋转角的变化规律

2. 微波频段的相关研究

早在 2006 年,Yasuhiro 等利用开口谐振环单元(Split ring resonator,SRR)结构构成的超材料,在其谐振频点(2.65 GHz)附近构造了等效的磁性媒质,进而实验验证了垂直极化电磁波的布鲁斯特效应。其所采用的实验装置及超材料结构如图 7.36 所示。

2015 年,该实验室又通过数值仿真验证了双各向异性的单个 SRR 环构成的超表面结构(图 7.37)也能实现 3.13 GHz 垂直极化电磁波的布鲁斯特效应,布鲁斯特角为 45°。但其最终也只停留于单一极化电磁波的情形,且没有进行实验验证。

最近,Christophe Caloz 等从理论角度提出了利用双各向异性超表面可以实现任意极化电磁波的任意大小的布鲁斯特角。其主要针对理想的厚度为零的超表面结构,运用了由电磁场边界条件变形得到的广义表面转换条件(Generalized sheet transition conditions,GSTC),基于超表面互易的假设,推导出了双各向异

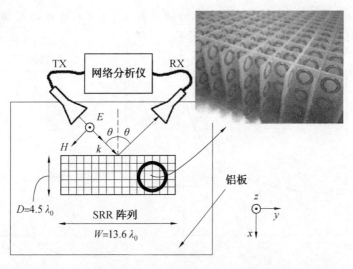

图 7.36　开口谐振环构成的超材料及其布鲁斯特效应实验装置

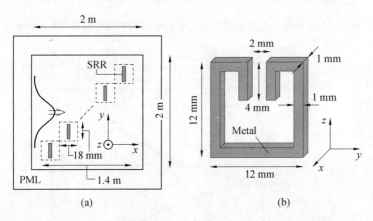

图 7.37　具有 45° 布鲁斯特角的双各向异性开口谐振环构成的超表面结构

性超表面产生布鲁斯特效应的条件,即

$$\chi_{ee}^{xx} = \chi_{ee}^{yy} = \chi_{mm}^{xx} = \chi_{ee}^{yy} = 0 \tag{7.3}$$

式中,χ 为表面电磁极化率张量;上标 x、y 代表直角坐标系的三个坐标变量;第一下标 e,m 分别代表电响应和磁响应;第二下标 e,m 则分别代表电场和磁场激励。例如,χ_{ee}^{xx} 表示 x 方向的电场激励在 x 方向上产生的电响应。

式(7.3)要求超表面是均匀、纯双各向异性、无源且互易的。图 7.38 给出了在 TM 和 TE 极化电磁波分别激励的条件下,电磁极化率张量其余分量与布鲁斯特角之间的关系。

就国内而言,关于微波段广义布鲁斯特效应的研究更少。田秀劳等从理论上计算了微波波段垂直极化波的布鲁斯特角,并进行了数值仿真验证,但未提供具体的设计思路。其理论计算时选取的频点为 1.5 GHz，计算得到的反射系数与不同入射角的关系曲线如图 7.39 所示。

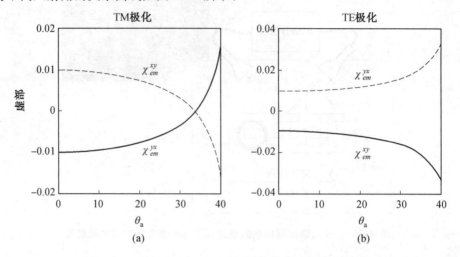

图 7.38　电磁极化率张量与两种极化电磁波布鲁斯特角大小的关系

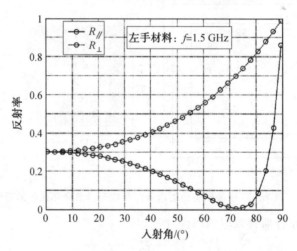

图 7.39　1.5 GHz 时反射系数与不同入射角的关系曲线

3. 对比和分析

纵观国内外众多相关研究，可以发现光学或太赫兹频段有关广义布鲁斯特角的超材料设计大多采用比较简单的几何结构，如全介质圆盘、球体、圆柱、分层结构或其他通过米氏散射理论可计算散射截面的几何体等。这是因为简单的几何结构可以保证能找到或者间接推导出电磁极化率参数等相关参数的显式解析表达式，但同时这也意味着这些表达式仅能指导设计一些简单几何结构单元，进而限制了这些设计方法的应用范围。此外，大部分三维单元结构在低频（微波）

段都不太容易实现小型化乃至集成加工。因此,相比光学及太赫兹频段而言,如何在微波频段利用传统的加工技术范围内实现广义布鲁斯特效应还较为模糊且不够成熟。

微波频段现有关于广义布鲁斯特效应的研究也只是实现了 TE 极化这一单一极化的布鲁斯特效应。而相关的理论分析在指导实际设计时也遇到了种种困难,如根据本章参考文献[49]得出的结论,要求超表面必须是纯双各向异性且完全互易的,而这一点在物理上往往很难实现。尽管本章参考文献[49]中提出了两种解决办法(寻找近似纯双各向异性且近似互易的超表面、寻找电磁耦合极化率中对应项能够恰好抵消的超表面),但更具体的设计方案、烦琐的表面电磁极化率计算以及如何根据实验测量结果去验证设计等问题却暂时没有较好的解决办法。综上,广义布鲁斯特角相关研究见表 7.1。

表 7.1　广义布鲁斯特角相关研究

作者	结构	频段或波长	极化	特点
Ryosuke 等	p 偏振 E θ s 偏振	450 nm	TE	带宽较宽;逆推验证复杂
Ramón 等		可见光	TE TM	结构简单;两种极化有不同布鲁斯特角
Abujetas 等	—	太赫兹	TE	HRI 结构;仅数值验证
Y. Shen 等	Stack 1,a_1 Stack 2,a_2 Stack i,a_i Stack $m-1,a_{m-1}$ Stack m,a_m	可见光	TE TM	分层异质结构;带宽较宽
杨立功等	—		TE TM	各向同性媒质模型;仅理论分析

续表7.1

作者	结构	频段或波长	极化	特点
刘松华等	—	—	TM	各向异性异向媒质模型；仅理论分析
Yasuhiro 等		2.65 GHz	TE	开口谐振环结构；各向同性媒质模型
Yasuhiro 等	4 mm Metal	3.13 GHz	TE	双各向异性媒质模型；无实验验证
田秀劳等		1.5 GHz	TE	各向同性媒质模型；仅数值验证
Caloz 等		微波	TE	纯双各向异性难以实现；仅理论分析

7.4.2 广义布鲁斯特效应的数学推导

对于各向同性的非磁性媒质而言,通常只有平行极化(TM)电磁波具有布鲁斯特角。本书所讨论的广义布鲁斯特效应即指垂直和平行极化电磁波均可具有布鲁斯特角的现象。

本节将首先回顾经典的布鲁斯特角的数学表达式。同时,本节将重点介绍在两种不同模型下广义布鲁斯特效应的数学表达式的推导过程:在均匀各向异性模型中,从推导平面电磁波波动方程的一般形式入手,并在合理简化后,结合边界条件,由此进一步推导出两种线极化电磁波各自的布鲁斯特角;在各向异性超表面模型中,根据广义表面转换条件,推导出超表面的反射系数,由此进一步推导出两种线极化电磁波的布鲁斯特角。

1. 各向同性均匀媒质分界面处的布鲁斯特效应

根据菲涅尔公式,在相对介电常数及磁导率分别为 ε_1、μ_1 和 ε_2、μ_2 的线性、各向同性且均匀的两媒质分界面上,垂直(TE)和平行(TM)极化电磁波的反射系

数分别可以表示为

$$r_{\text{TE}} = \frac{\mu_2 k_1 - \mu_1 k_2}{\mu_2 k_1 + \mu_1 k_2} \tag{7.4}$$

$$r_{\text{TM}} = \frac{\varepsilon_2 k_1 - \varepsilon_1 k_2}{\varepsilon_2 k_1 + \varepsilon_1 k_2} \tag{7.5}$$

式中，k_1 为电磁波在第一种媒质中传播的波数；k_2 为电磁波在第二种媒质中传播的波数。

当各自反射系数等于零时，可得到经典的布鲁斯特角表达式，即

$$\theta_{\text{B-TE}} = \arcsin \sqrt{\frac{\mu_2^2 - \mu_1 \mu_2}{\mu_2^2 - \mu_1^2}} \tag{7.6}$$

$$\theta_{\text{B-TM}} = \arcsin \sqrt{\frac{\varepsilon_2^2 - \varepsilon_1 \varepsilon_2}{\varepsilon_2^2 - \varepsilon_1^2}} \tag{7.7}$$

由此可见，对于各向同性的均匀媒质，只有当 $\mu_1 \neq \mu_2$ 时，垂直（TE）极化电磁波才存在布鲁斯特角。若要实现广义布鲁斯特效应，不妨考虑各向异性媒质。

2. 各向异性均匀媒质分界面处的布鲁斯特效应

任何一种媒质的电磁特性都可以用四个并矢（二阶张量）来描述：$\bar{\bar{\varepsilon}}(\boldsymbol{r})$、$\bar{\bar{\mu}}(\boldsymbol{r})$、$\bar{\bar{\xi}}(\boldsymbol{r})$、$\bar{\bar{\zeta}}(\boldsymbol{r})$。为了方便，以下推导中均省略位移矢量 $\boldsymbol{r}$，其数学表达式为

$$\bar{\bar{\alpha}}^{\text{sup}} = \sum_{i,j} \alpha_{ij}^{\text{sup}} \boldsymbol{a}_i \boldsymbol{a}_j = \begin{bmatrix} \alpha_{xx} & \alpha_{xy} & \alpha_{xz} \\ \alpha_{yx} & \alpha_{yy} & \alpha_{yz} \\ \alpha_{zx} & \alpha_{zy} & \alpha_{zz} \end{bmatrix}^{\text{sup}}, \quad i,j,k = x,y,z \tag{7.8}$$

式中，sup 代表 EE、EM、ME、MM，则 $\bar{\bar{\alpha}}^{\text{EE}} = \bar{\bar{\varepsilon}}$，$\bar{\bar{\alpha}}^{\text{MM}} = \bar{\bar{\mu}}$，$\bar{\bar{\alpha}}^{\text{EM}} = \bar{\bar{\xi}}$，$\bar{\bar{\alpha}}^{\text{ME}} = \bar{\bar{\zeta}}$。

以 $\bar{\bar{\varepsilon}}$ 为例，e_{xx} 的大小表征在沿 x 轴方向的电场激励下，媒质中产生的沿 x 轴方向的电极化响应强弱；e_{xy} 的大小则表征在沿 y 轴方向的电场激励下，媒质中沿 x 轴方向的电极化响应强弱；同理，x_{xx}（或 x_{xy}）表示的大小则表征在沿 x（或 y）轴方向的磁场激励下媒质中产生的沿 x 轴方向的电极化响应强弱。

设平面波的电磁场表示为

$$\boldsymbol{E} = E_0 e^{-j\boldsymbol{k} \cdot \boldsymbol{r}}, \boldsymbol{H} = H_0 e^{-j\boldsymbol{k} \cdot \boldsymbol{r}} \tag{7.9}$$

则各向异性媒质的本构关系可以表示为

$$\boldsymbol{D} = \varepsilon_0 \bar{\bar{\varepsilon}} \cdot \boldsymbol{E} + \frac{1}{c_0} \bar{\bar{\xi}} \cdot \boldsymbol{H} \tag{7.10}$$

$$\boldsymbol{B} = \frac{1}{c_0} \bar{\bar{\zeta}} \cdot \boldsymbol{E} + \mu_0 \bar{\bar{\mu}} \cdot \boldsymbol{H} \tag{7.11}$$

式中，c_0 为电磁波在真空中传播时的波速，$c_0 = \dfrac{1}{(e_0 m_0)^{\frac{1}{2}}}$。

由麦克斯韦方程组旋度方程（$\nabla \rightarrow -\mathrm{j}k$，$k$ 为电磁波传播波数）有

$$k \times E = \omega B \tag{7.12}$$

$$k \times H = -\omega D \tag{7.13}$$

将式(7.10)代入式(7.12)中，可以得到

$$k \times E = \omega\left(\frac{1}{c_0}\bar{\bar{\zeta}} \cdot E + \mu_0 \bar{\bar{\mu}} \cdot H\right) = k_0 \bar{\bar{\zeta}} \cdot E + \omega\mu_0 \bar{\bar{\mu}} \cdot H \tag{7.14}$$

式中，k_0 为电磁波在真空中传播波数，$k_0 = w(e_0 m_0)^{\frac{1}{2}}$。

引入单位并矢，求解得

$$H = \bar{\bar{\mu}}^{-1}/(\omega\mu_0) \cdot (k \times \bar{\bar{I}} - k_0 \bar{\bar{\zeta}}) \cdot E \tag{7.15}$$

将式(7.15)代入式(7.14)中，有

$$k \times \frac{\bar{\bar{\mu}}^{-1}}{\omega\mu_0} \cdot (k \times \bar{\bar{I}} - k_0 \bar{\bar{\zeta}}) \cdot E = -\omega(\varepsilon_0 \bar{\bar{\varepsilon}} \cdot E + c_0^{-1} \bar{\bar{\xi}} \cdot H)$$

$$= -\omega\varepsilon_0 \bar{\bar{\varepsilon}} \cdot E - k_0 \bar{\bar{\xi}} \cdot \frac{\bar{\bar{\mu}}^{-1}}{\omega\mu_0} \cdot$$

$$(k \times \bar{\bar{I}} - k_0 \bar{\bar{\zeta}}) \cdot E \tag{7.16}$$

整理得

$$\left[(k \times \bar{\bar{I}} + k_0 \bar{\bar{\xi}}) \cdot \bar{\bar{\mu}}^{-1} \cdot (k \times \bar{\bar{I}} - k_0 \bar{\bar{\zeta}}) + k_0^2 \bar{\bar{\varepsilon}}\right] \cdot E = 0 \tag{7.17}$$

同理，可以求得

$$\left[(k \times \bar{\bar{I}} - k_0 \bar{\bar{\zeta}}) \cdot \bar{\bar{\varepsilon}}^{-1} \cdot (k \times \bar{\bar{I}} + k_0 \bar{\bar{\xi}}) + k_0^2 \bar{\bar{\mu}}\right] \cdot H = 0 \tag{7.18}$$

式(7.17)和式(7.18)即为平面电磁波在任意均匀媒质中的波动方程一般形式。要使 E 和 H 有唯一非零解，则它们各自对应的系数矩阵行列式应该等于0，即

$$\det\left[(k \times \bar{\bar{I}} + k_0 \bar{\bar{\xi}}) \cdot \bar{\bar{\mu}}^{-1} \cdot (k \times \bar{\bar{I}} - k_0 \bar{\bar{\zeta}}) + k_0^2 \bar{\bar{\varepsilon}}\right] = 0 \tag{7.19}$$

$$\det\left[(k \times \bar{\bar{I}} - k_0 \bar{\bar{\zeta}}) \cdot \bar{\bar{\varepsilon}}^{-1} \cdot (k \times \bar{\bar{I}} + k_0 \bar{\bar{\xi}}) + k_0^2 \bar{\bar{\mu}}\right] = 0 \tag{7.20}$$

式中，det 表示对其后面的矩阵进行求行列式运算。

可以看出，式(7.19)和式(7.20)中均包含描述媒质电磁特性的4个并矢，共36个参数。此外，在双各向异性媒质（电磁耦合导致 $\bar{\bar{\xi}}$ 或 $\bar{\bar{\zeta}}$ 存在非零项）中，平面波的传播将难以分解为平行极化（TM）和垂直极化（TE）两种简单的线极化方式，因此必然需要进一步简化。

忽略媒质的双各向异性，即 $\bar{\bar{\xi}} = \bar{\bar{\zeta}} = 0$，则式可以简化为

$$\det\left[(k \times \bar{\bar{I}}) \cdot \bar{\bar{\mu}}^{-1} \cdot (k \times \bar{\bar{I}}) + k_0^2 \bar{\bar{\varepsilon}}\right] = 0 \tag{7.21}$$

假定媒质的电磁参数张量均为对角矩阵（非主对角线项为0），即

$$\bar{\bar{\varepsilon}} = \begin{bmatrix} \varepsilon_{xx} & & \\ & \varepsilon_{yy} & \\ & & \varepsilon_{zz} \end{bmatrix}, \bar{\bar{\mu}} = \begin{bmatrix} \mu_{xx} & & \\ & \mu_{yy} & \\ & & \mu_{zz} \end{bmatrix} \tag{7.22}$$

设平面波在 xOz 平面内传播,即

$$\boldsymbol{k} = \boldsymbol{a}_x k_x + \boldsymbol{a}_z k_z \qquad (7.23)$$

将式(7.19)和式(7.20)代入式(7.22)中,整理得到

$$\det \begin{bmatrix} k_0^2 \varepsilon_{xx} - \dfrac{k_z^2}{\mu_{yy}} & & -\dfrac{k_x k_z}{\mu_{yy}} \\ & k_0^2 \varepsilon_{yy} - \dfrac{k_x^2}{\mu_{zz}} - \dfrac{k_z^2}{\mu_{xx}} & \\ \dfrac{k_x k_z}{\mu_{yy}} & & k_0^2 \varepsilon_{zz} - \dfrac{k_x^2}{\mu_{yy}} \end{bmatrix} = 0 \qquad (7.24)$$

进一步整理可得

$$\left(k_0^2 \varepsilon_{xx} \varepsilon_{zz} - \varepsilon_{xx} \dfrac{k_x^2}{\mu_{yy}} - \varepsilon_{zz} \dfrac{k_z^2}{\mu_{yy}} \right) \left(k_0^2 \varepsilon_{yy} - \dfrac{k_x^2}{\mu_{zz}} - \dfrac{k_z^2}{\mu_{xx}} \right) = 0 \qquad (7.25)$$

对于垂直(TE)极化电磁波,电场只存在 y 方向的非零解,即

$$\boldsymbol{E} = \boldsymbol{a}_y E_0 \qquad (7.26)$$

此时可以得到

$$\dfrac{k_x^2}{\varepsilon_{yy}\mu_{zz}} + \dfrac{k_z^2}{\varepsilon_{yy}\mu_{xx}} = k_0^2 \qquad (7.27)$$

同时,可以简化式(7.15),即

$$\boldsymbol{H} = \dfrac{E_0}{\omega \mu_0} \left(-\boldsymbol{a}_x \dfrac{k_z}{\mu_{xx}} + \boldsymbol{a}_z \dfrac{k_x}{\mu_{zz}} \right) \qquad (7.28)$$

如图 7.40 所示,假设电磁波从一种各向异性媒质$(\overline{\overline{\varepsilon_1}}, \overline{\overline{\mu_1}})$入射到另一种各向异性媒质$(\overline{\overline{\varepsilon_2}}, \overline{\overline{\mu_2}})$,入射角为 θ_i,折射角为 θ_t。

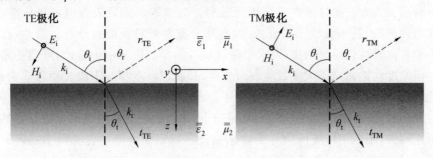

图 7.40　电磁波从各向异性媒质入射到另一各向异性媒质

根据几何关系,有

$$\boldsymbol{k}_i = |\boldsymbol{k}_i| (\boldsymbol{a}_x \sin \theta_i + \boldsymbol{a}_z \cos \theta_i) \qquad (7.29)$$

$$\boldsymbol{k}_t = |\boldsymbol{k}_t| (\boldsymbol{a}_x \sin \theta_t + \boldsymbol{a}_z \cos \theta_t) \qquad (7.30)$$

现考虑垂直极化(TE 极化)的情形,根据边界条件,有

$$1 + r_{TE} = t_{TE} \qquad (7.31)$$

$$\frac{|\boldsymbol{k}_i|\cos\theta_i}{\omega\mu_0\mu_{xx1}}(1-r_{\mathrm{TE}})=t_{\mathrm{TE}}\frac{|\boldsymbol{k}_t|\cos\theta_t}{\omega\mu_0\mu_{xx2}} \tag{7.32}$$

式中,r_{TE} 为两种介质分界面处反射系数;t_{TE} 为分界面处的透射系数。

联立上述两式,整理可得

$$r_{\mathrm{TE}}=\frac{|\boldsymbol{k}_i|\mu_{xx2}\cos\theta_i-|\boldsymbol{k}_t|\mu_{xx1}\cos\theta_t}{|\boldsymbol{k}_i|\mu_{xx2}\cos\theta_i+|\boldsymbol{k}_t|\mu_{xx1}\cos\theta_t} \tag{7.33}$$

此外,根据相位匹配条件,有

$$|\boldsymbol{k}_i|\sin\theta_i=|\boldsymbol{k}_t|\sin\theta_t \tag{7.34}$$

当入射角等于布鲁斯特角时,发生布鲁斯特效应,反射波消失,即 $r_{\mathrm{TE}}=0$,可解得垂直极化(TE)电磁波的布鲁斯特角为

$$\theta_{\mathrm{B-TE}}=\arcsin\sqrt{\frac{(\varepsilon_{yy1}\mu_{xx2}-\varepsilon_{yy2}\mu_{xx1})\mu_{zz2}}{(\mu_{xx2}\mu_{zz2}-\mu_{xx1}^2)\varepsilon_{yy1}+(\mu_{xx1}/\mu_{zz1}-1)\mu_{xx1}\mu_{zz2}\varepsilon_{yy2}}} \tag{7.35}$$

根据对偶原则(或同理推导)可得平行极化(TM)电磁波布鲁斯特角表达式为

$$\theta_{\mathrm{B-TM}}=\arcsin\sqrt{\frac{(\mu_{yy1}\varepsilon_{xx2}-\mu_{yy2}\varepsilon_{xx1})\varepsilon_{zz2}}{(\varepsilon_{xx2}\varepsilon_{zz2}-\varepsilon_{xx1}^2)\mu_{yy1}+(\varepsilon_{xx1}/\varepsilon_{zz1}-1)\varepsilon_{xx1}\varepsilon_{zz2}\mu_{yy2}}} \tag{7.36}$$

3. 各向异性超表面模型的布鲁斯特效应

在现有关于超表面的研究中,直接提出描述超表面特性及其综合设计方法的研究并不多。现有方法有基于等效阻抗的分析,利用垂直入射情形下散射单元极化率分析反射波、透射波,以及仅适用于近轴波动量转换方法等。

本节将采用广义表面转换条件的方法来描述超表面结构,进而推导出其布鲁斯特角。该方法的好处在于可以用散射参数来表示等效表面电磁极化率,且存在闭合解,而且不仅限于垂直入射,更适合布鲁斯特效应的分析。另外,在上一小节各向异性媒质模型中,要求电磁波在各向异性媒质中传播,则媒质一定具有一定厚度。然而对于大多数超表面结构,其物理厚度相对于波长而言非常薄,因此用具有一定厚度的媒质模型来描述超表面具有一定的局限性。

设超表面位于直角坐标系 $z=0$ 平面上,则在该平面两侧空间电磁场必然存在不连续性,不能用传统的边界条件来描述。以自由空间中麦克斯韦旋度方程为例(安培定律),其时谐场形式为

$$\nabla\times\boldsymbol{H}=\boldsymbol{J}+\mathrm{j}\omega\boldsymbol{D} \tag{7.37}$$

磁场的在 $z=0$ 处的不连续性可以用 n 阶单位冲激函数来描述,即

$$\boldsymbol{H}=\{\boldsymbol{H}\}+\sum_{m=0}^{n}\boldsymbol{H}_{\mathrm{m}}\delta^{(m)}(z) \tag{7.38}$$

式中,$\{\boldsymbol{H}\}$ 表示除去超表面处磁场突变量以外的磁场强度,即

$$\{\boldsymbol{H}\}=\boldsymbol{H}_+\,u(z)+\boldsymbol{H}_-\,u(-z) \tag{7.39}$$

式中,$u(z)$ 为单位阶跃函数。

电流密度 J 与电位移矢量 D 也可写成类似的形式。另外,奈卜拉算子可写成 $\nabla = \nabla_t + a_z \times \partial/\partial z$,则式(7.39)可以改写为

$$\nabla_t \{H\} + a_z \times \frac{\partial}{\partial z}\{H\} + \sum_{m=0}^{n} \nabla_t \times H_m \delta^{(m)}(z) + \sum_{m=0}^{n} a_z \times \frac{\partial}{\partial z} H_m \delta^{(m)}(z)$$

$$= \{J\} + \sum_{m=0}^{n} J_m \delta^{(m)}(z) + j\omega\{D\} + j\omega \sum_{m=0}^{n} D_m \delta^{(m)}(z) \tag{7.40}$$

经过微分运算化简整理,得到

$$\nabla_t \{H\} + a_z \times \left\{\frac{\partial}{\partial z} H\right\} + a_z \times H \big|_{z=0^-}^{0^+} \delta(z) +$$

$$\sum_{m=0}^{n} \nabla_t \times H_m \delta^{(m)}(z) + \sum_{m=0}^{n} a_z \times H_m \delta^{(m+1)}(z) \tag{7.41}$$

$$= \{J\} + \sum_{m=0}^{n} J_m \delta^{(m)}(z) + j\omega\left[\{D\} + \sum_{m=0}^{n} D_m \delta^{(m)}(z)\right]$$

显然,式(7.41)左右两边同阶单位冲激函数的系数应当相等,且超表面位于无源区,故推广到麦克斯韦方程组的其他三个方程,可以得到

$$a_z \times H \big|_{z=0^-}^{0^+} + \nabla_t \times H_0 = j\omega D_0 \tag{7.42}$$

$$a_z \times E \big|_{z=0^-}^{0^+} + \nabla_t \times E_0 = -j\omega B_0 \tag{7.43}$$

$$a_z \cdot D \big|_{z=0^-}^{0^+} = -\nabla_t \cdot D_0 \tag{7.44}$$

$$a_z \cdot B \big|_{z=0^-}^{0^+} = -\nabla_t \cdot B_0 \tag{7.45}$$

引入表面电磁极化强度及等效表面电磁极化率,有

$$D_0 = \varepsilon_0 E + P_0 = \varepsilon_0 (E + \overline{\overline{\chi}}_{ES} \cdot E) \tag{7.46}$$

$$B_0 = \mu_0 (H + M_0) = \mu_0 (H + \overline{\overline{\chi}}_{MS} \cdot H) \tag{7.47}$$

式中,P_0 为表面电极化强度;M_0 为表面磁极化强度。

由此可得广义表面转换条件为

$$a_z \times H \big|_{z=0^-}^{0^+} = j\omega\varepsilon_0 \overline{\overline{\chi}}_{ES} \cdot E_{t,av}\big|_{z=0} - a_z \times \nabla_t [\overline{\overline{\chi}}_{MS}^{zz} H_{z,av}]_{z=0} \tag{7.48}$$

$$E \big|_{z=0^-}^{0^+} \times a_z = j\omega\mu_0 \overline{\overline{\chi}}_{MS} \cdot H_{t,av}\big|_{z=0} + a_z \times \nabla_t [\overline{\overline{\chi}}_{ES}^{zz} E_{z,av}]_{z=0} \tag{7.49}$$

$$D_z \big|_{z=0^-}^{0^+} = -\nabla \cdot (\varepsilon \overline{\overline{\chi}}_{ES} \cdot E_{t,av}\big|_{z=0}) \tag{7.50}$$

$$B_z \big|_{z=0^-}^{0^+} = \nabla \cdot (\mu \overline{\overline{\chi}}_{MS} \cdot H_{t,av}\big|_{z=0}) \tag{7.51}$$

式中,下标“t”表示切向分量;“av”表示场强的平均值,即

$$E_{av} = (E\big|_{z=0^-} + E\big|_{z=0^+})/2 \tag{7.52}$$

$$H_{av} = (H\big|_{z=0^-} + H\big|_{z=0^+})/2 \tag{7.53}$$

如图 7.41 所示,各向异性超表面(非双各向异性)电磁特性可以用等效表面

电磁极化率张量 $\overline{\overline{\chi}}_{ES}$ 和 $\overline{\overline{\chi}}_{MS}$ 来描述,超表面两侧电磁场满足广义表面转换条件。

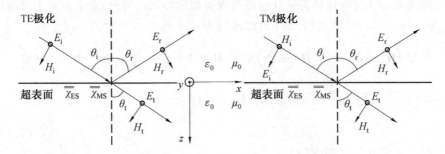

图 7.41　电磁波入射各向异性超表面模型

现考虑垂直极化(TE)电磁波的情形。设 r_{TE} 表示超面处反射系数, t_{TE} 表示超表面的透射系数,则入射波、反射波和透射波电磁场可分别表示为

$$\boldsymbol{E}_i = \boldsymbol{a}_y E_0 \mathrm{e}^{-\mathrm{j}\boldsymbol{k}_i \cdot \boldsymbol{r}} \tag{7.54}$$

$$\boldsymbol{E}_r = \boldsymbol{a}_y r_{TE} E_0 \mathrm{e}^{-\mathrm{j}\boldsymbol{k}_r \cdot \boldsymbol{r}} \tag{7.55}$$

$$\boldsymbol{E}_t = \boldsymbol{a}_y t_{TE} E_0 \mathrm{e}^{-\mathrm{j}\boldsymbol{k}_t \cdot \boldsymbol{r}} \tag{7.56}$$

$$\boldsymbol{H}_i = \frac{k_0 E_0}{\omega\mu}(-\boldsymbol{a}_x \cos\theta_i + \boldsymbol{a}_z \sin\theta_i)\mathrm{e}^{-\mathrm{j}\boldsymbol{k}_i \cdot \boldsymbol{r}} \tag{7.57}$$

$$\boldsymbol{H}_r = r_{TE} \frac{k_0 E_0}{\omega\mu}(\boldsymbol{a}_x \cos\theta_r + \boldsymbol{a}_z \sin\theta_r)\mathrm{e}^{-\mathrm{j}\boldsymbol{k}_r \cdot \boldsymbol{r}} \tag{7.58}$$

$$\boldsymbol{H}_t = t_{TE} \frac{k_0 E_0}{\omega\mu}(-\boldsymbol{a}_x \cos\theta_t + \boldsymbol{a}_z \sin\theta_t)\mathrm{e}^{-\mathrm{j}\boldsymbol{k}_t \cdot \boldsymbol{r}} \tag{7.59}$$

整理得到

$$\begin{bmatrix} \cos\theta_r + X_r & \cos\theta_t + X_t \\ Y_r + 1 & -(Y_t + 1) \end{bmatrix} \begin{bmatrix} r_{TE} \\ t_{TE} \end{bmatrix} = \begin{bmatrix} \cos\theta_i - X_i \\ Y_i - 1 \end{bmatrix} \tag{7.60}$$

式中,有

$$X_\gamma = \frac{\mathrm{j}k_0}{2}(\chi_{ES}^{yy} + \chi_{MS}^{zz} \sin^2\theta_\gamma), \quad \gamma = i, r, t \tag{7.61}$$

$$Y_\gamma = \frac{\mathrm{j}k_0}{2}\chi_{MS}^{xx} \cos\theta_\gamma, \quad \gamma = i, r, t \tag{7.62}$$

若考虑超表面单元结构完全相同,则入射角、反射角和透射角应满足

$$\theta_i = \theta_r = \theta_t \tag{7.63}$$

便可解得超表面对以 q_i 斜入射的垂直极化波的反射系数和透射系数分别为

$$r_{TE}(\theta_i) = \frac{-\dfrac{\mathrm{j}k_0}{2\cos\theta_i}(\chi_{ES}^{yy} + \chi_{MS}^{zz} \sin^2\theta_i - \chi_{MS}^{xx} \cos^2\theta_i)}{1 - \dfrac{k_0^2 \chi_{MS}^{xx}(\chi_{ES}^{yy} + \chi_{MS}^{zz} \sin^2\theta_i)}{4} + \dfrac{\mathrm{j}k_0(\chi_{ES}^{yy} + \chi_{MS}^{zz} \sin^2\theta_i + \chi_{MS}^{xx} \cos^2\theta_i)}{2\cos\theta_i}}$$

$$\tag{7.64}$$

$$t_{\mathrm{TE}}(\theta_\mathrm{i}) = \cfrac{1 + k_0^2 \chi_{\mathrm{MS}}^{xx}(\chi_{\mathrm{ES}}^{yy} + \chi_{\mathrm{MS}}^{zz}\sin^2\theta_\mathrm{i})/4}{1 - \cfrac{k_0^2 \chi_{\mathrm{MS}}^{xx}(\chi_{\mathrm{ES}}^{yy} + \chi_{\mathrm{MS}}^{zz}\sin^2\theta_\mathrm{i})}{4} + \cfrac{jk_0(\chi_{\mathrm{ES}}^{yy} + \chi_{\mathrm{MS}}^{zz}\sin^2\theta_\mathrm{i} + \chi_{\mathrm{MS}}^{xx}\cos^2\theta_\mathrm{i})}{2\cos\theta_\mathrm{i}}}$$

$$(7.65)$$

则垂直极化(TE)电磁波在入射超表面时发生布鲁斯特效应,可解得其对应的布鲁斯特角为

$$\theta_{\mathrm{B-TE}} = \arcsin\sqrt{\frac{\chi_{\mathrm{MS}}^{xx} - \chi_{\mathrm{ES}}^{yy}}{\chi_{\mathrm{MS}}^{xx} + \chi_{\mathrm{MS}}^{zz}}} \qquad (7.66)$$

由对偶原理可知,平行极化(TM)电磁波的布鲁斯特角应为

$$\theta_{\mathrm{B-TM}} = \arcsin\sqrt{\frac{\chi_{\mathrm{ES}}^{xx} - \chi_{\mathrm{MS}}^{yy}}{\chi_{\mathrm{ES}}^{xx} + \chi_{\mathrm{ES}}^{zz}}} \qquad (7.67)$$

本节重点推导了各向异性媒质(考虑结构厚度)分界面处以及各向异性超表面模型(与厚度无关)中两种极化电磁波的布鲁斯特角,主要结论可用于从理论上指导具有广义布鲁斯特效应的超表面的设计,也可用于理论验证最终设计出的超表面的电磁特性。

7.4.3　广义布鲁斯特效应的实现及均一化分析

前面的章节已经详细叙述了相关理论研究及仿真设计的详细过程,从理论上提出了设计方法,并通过仿真设计出了可实现广义布鲁斯特效应的超表面,即当 TE 和 TM 两种极化的电磁波入射到超表面时,均具有布鲁斯特角。

本节首先展示对特定频率的任意极化电磁波具有相同布鲁斯特角的超表面结构,再分别通过各向异性均匀媒质模型的等效电磁参数逆推排除了法布里-佩罗型全透射,最后结合各向异性超表面模型的等效电磁参数逆推以及实验验证了所有的理论分析和仿真结果。

1. 具有广义布鲁斯特效应的超表面结构

根据上节中介绍的结论,在此采用由改进开口谐振环单元构成的栅状超表面结构来实现广义布鲁斯特效应。具有广义布鲁斯特效应的超表面结构示意图如图 7.42 所示。

图 7.42 中,E_y、H_z 和 H_x 表示垂直极化(TE 极化)电磁波的电磁场矢量,介质板的存在以及电场 E_y 分量的激励可以产生不为 1 的 ε_{yy} 分量,而在垂直于开口金属环的磁场分量 H_x 的激励下可以产生不为 1 的 μ_{xx} 分量;H_y、E_z 和 E_x 表示平行极化(TM 极化)电磁波的电磁场矢量;虚线框内表示入射面。

选取同样的几何尺寸,可以仿真得到 TE 和 TM 两种极化电磁波在不同频率、不同入射角时的散射参数。而要验证其是否发生布鲁斯特效应,则需要计算出电磁波在自由空间与超表面分界面处的反射系数,即

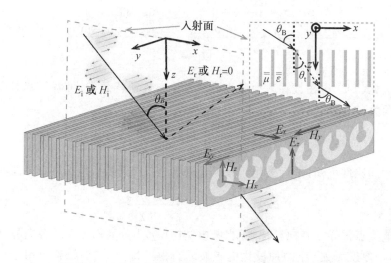

图 7.42　具有广义布鲁斯特效应的超表面结构示意图

$$R = (z-1)/(z+1) \tag{7.68}$$

式中，z 为分界面处的归一化等效波阻抗，可以通过散射参数逆推得到，即

$$z = \pm\sqrt{\frac{(1+S_{11})^2 - S_{21}^2}{(1-S_{11})^2 - S_{21}^2}} \tag{7.69}$$

根据仿真得到的散射参数计算得到的两种极化电磁波在分界面处的反射系数如图 7.43 所示。图中，布鲁斯特角已用白色虚线标出，此外临界角也能在图中体现出来（黑色虚线）。在 10.3 GHz 时，TE 和 TM 两种极化电磁波的布鲁斯特角均为 45°（白色叉号）。

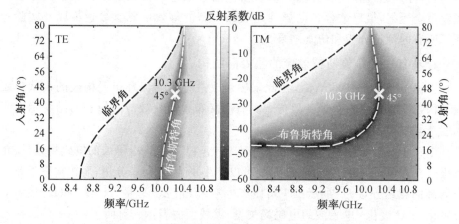

图 7.43　两种极化电磁波在分界面处的反射系数

按照选取的几何尺寸，加工的超表面实物图如图 7.43(a) 所示。实物共由 24×9 个单元组成，在 10.3 GHz 时该超表面的电尺寸约为 $6.32\lambda_0 \times 6.18\lambda_0$（$\lambda_0$ 为

10.3 GHz 电磁波在自由空间波长）。超表面每根带条的放大图如图 7.43(b) 所示。实验测得的超表面整体反射系数（回波损耗）与仿真得到的 S_{11} 对比图如图 7.44 所示。由实验测量结果与仿真结果可以看出，二者误差较小，吻合得较好；但在反射波功率较低时，测量值可能存在较大误差，因此图 7.44(b) 中 TM 极化电磁波的测量与仿真结果分贝值绝对误差较大（线性值的绝对误差并不大）。

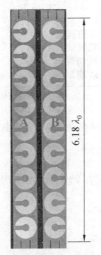

(a) 超表面实物图　　　　(b) 单根带条放大图

图 7.44　具有广义布鲁斯特效应的超表面实物图

　　为了验证任意极化电磁波具有相同布鲁斯特角，可采用圆极化波作为激励入射。当 10.3 GHz 圆极化电磁波以 45° 斜入射到超表面结构时，仿真的透射系数线性值达到 0.98，透射波轴比为 0.11 dB。利用 X 波段标准圆极化喇叭作为收发天线进行实验，根据测量值计算得到的等效透射波轴比为 0.78 dB。实验值与仿真值误差较小，且透射波轴比足够小，因此可认为圆极化波的布鲁斯特角也为 45°。

2. 各向异性均匀媒质模型等效电磁参数逆推验证

　　前面虽然通过仿真和实验均验证了电磁波在 45° 斜入射到超表面时可以做到反射系数最小，且近似全透射，但由于超表面厚度不可忽略，因此需要排除法布里－佩罗型全透射的可能性。除了仿真和实验验证以外，还需要将超表面等效为具有一定厚度的各向异性均匀媒质模型，逆推其等效电磁参数，以验证

$$|\,\mathrm{FP}\,| = |\,1 - \mathrm{e}^{\mathrm{j}2n(\theta_t)k_0 d\cos\theta_t}\,| \neq 0 \qquad (7.70)$$

式中，$|\,\mathrm{FP}\,|$ 为法布里－佩罗型全透射所满足的等式左侧；d 为超表面结构的厚度（mm）；$n(\theta_t)$ 为折射角为 θ_t 时的等效折射率。

　　值得注意的是，电磁波斜入射情形下的逆推方法与垂直入射情形的方法有

所不同,各个参数的定义也会有所不同。 回波损耗测量值与仿真值对比如图 7.45 所示,设平面波以 θ_i 入射到超表面结构,折射角为 θ_t。

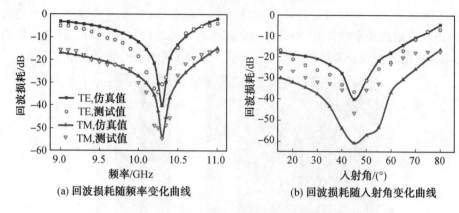

(a) 回波损耗随频率变化曲线   (b) 回波损耗随入射角变化曲线

图 7.45   回波损耗测量值与仿真值对比

垂直入射时,散射参数与媒质的等效反射系数、折射率的关系为

$$S_{11} = \frac{R(1-Q^2)}{1-R^2Q^2} \tag{7.71}$$

$$S_{21} = \frac{Q(1-R^2)}{1-R^2Q^2} \tag{7.72}$$

式中,R 为单一分界面的反射系数;Q 为中间变量,定义为

$$Q = e^{-jk_0 nd} \tag{7.73}$$

斜入射时,对于 TE 极化电磁波而言,其在 θ_t 方向的等效折射率可定义为

$$n_{TE}(\theta_t) = k(\theta_t)/k_0 \tag{7.74}$$

整理得到

$$n_{TE}(\theta_t)^2 = \frac{\mu_{xx}\mu_{zz}\varepsilon_{yy}}{\mu_{zz}\cos^2\theta_t + \mu_{xx}\sin^2\theta_t} \tag{7.75}$$

结合边界条件,可以整理得到斜入射时的等效反射系数为

$$R_{TE} = \frac{\mu_{xx}\cos\theta_i - n_{TE}(\theta_t)\cos\theta_t}{\mu_{xx}\cos\theta_i + n_{TE}(\theta_t)\cos\theta_t} = \frac{\mu_{xx}\cos\theta_i/(n_{TE}(\theta_t)\cos\theta_t) - 1}{\mu_{xx}\cos\theta_i/(n_{TE}(\theta_t)\cos\theta_t) + 1} \tag{7.76}$$

可以定义此时的等效归一化波阻抗为

$$z_{TE}(\theta_t) = \frac{\mu_{xx}\cos\theta_i}{n_{TE}(\theta_t)\cos\theta_t} \tag{7.77}$$

其中

$$Q = e^{-jn_{TE}(\theta_t)k_0 d\cos\theta_t} \tag{7.78}$$

因此,不妨定义

$$n'_{TE} = n_{TE}(\theta_t)\cos\theta_t \tag{7.79}$$

则 n'_{TE} 可通过散射参数逆推得到。

由斯涅尔定律,有

$$n_{\text{TE}}(\theta_{\text{t}})\sin\theta_{\text{t}} = \sin\theta_{\text{i}} \qquad (7.80)$$

解得

$$\theta_{\text{t}} = \arctan\frac{\sin\theta_{\text{i}}}{n'_{\text{TE}}} \qquad (7.81)$$

即可求出

$$\mu_{xx} = \frac{z_{\text{TE}}(\theta_{\text{t}})n'_{\text{TE}}}{\cos\theta_{\text{i}}} \qquad (7.82)$$

此时现有的方程组欠定,仅通过上式无法求出其余两个分量。但观察图 7.46 可以发现,无论 TE 极化电磁波以何角度入射,其电场始终沿 y 轴方向,因此 e_{yy} 也应不随入射角变化而变化,即 $e_{yy} = e_{yy}(0)$。

不妨考虑垂直入射时的情形,可得简化形式为

$$n_{\text{TE}}(0)^2 = \varepsilon_{yy}(0)\mu_{xx}(0) \qquad (7.83)$$

$$\mu_{xx}(0) = z_{\text{TE}}(0)n_{\text{TE}}(0) \qquad (7.84)$$

便可解得

$$\varepsilon_{yy} = \frac{n_{\text{TE}}(0)}{z_{\text{TE}}(0)} \qquad (7.85)$$

最后,将 m_{xx} 和 e_{yy} 代入式(7.85)中,解得

$$\mu_{zz} = \frac{\mu_{xx}\sin^2\theta_{\text{i}}}{\mu_{xx}\varepsilon_{yy} - n'^2_{\text{TE}}} \qquad (7.86)$$

由对偶原理,可利用 TM 极化电磁波入射的散射参数求出剩余的三个等效电磁参数,即

$$\varepsilon_{xx} = \frac{n'_{\text{TM}}}{z_{\text{TM}}(\theta_{\text{t}})\cos\theta_{\text{i}}} \qquad (7.87)$$

$$\mu_{yy} = n_{\text{TM}}(0)z_{\text{TM}}(0) \qquad (7.88)$$

$$\varepsilon_{zz} = \frac{\varepsilon_{xx}\sin^2\theta_{\text{i}}}{\varepsilon_{xx}\mu_{yy} - n'^2_{\text{TM}}} \qquad (7.89)$$

如图 7.47 所示,最终逆推得到在 10.3 GHz 处两种极化电磁波对应的 $|\text{FP}| \neq 0$,排除了发生法布里—佩洛型全透射的可能。

此外,逆推还可以得到超表面的等效介电常数和磁导率张量,即

$$\bar{\bar{\varepsilon}} = \begin{bmatrix} 1.36 & & \\ & 1.35 & \\ & & -0.46 \end{bmatrix} \qquad (7.90)$$

$$\bar{\bar{\mu}} = \begin{bmatrix} 1.44 & & \\ & -0.41 & \\ & & 0.81 \end{bmatrix} \qquad (7.91)$$

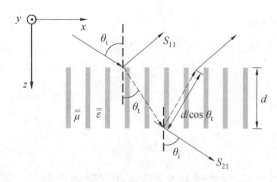

图 7.46   电磁波斜入射到超表面结构

上述两式中介电常数和磁导率张量的各虚部与实部相比已足够小,因此可以忽略。将逆推结果代入正向公式中,可以得到 TE 和 TM 两种极化电磁波的布鲁斯特角逆推值分别为 $43.60°$ 和 $44.98°$,与设计值 $45°$ 十分吻合。

利用逆推的介电常数和磁导率张量,可以在 CST 中建立相应的等效模型,通过全波仿真进行验证。10.3 GHz 电磁波入射等效媒质和实际超表面结构同一时刻场强分布对比图如图 7.48 所示。对于 TE 极化电磁波而言,图 7.48(a)、(b)为电场在 y 轴方向的分量场分布;对于 TM 极化电磁波而言,图 7.48(c)、(d)为磁场在 y 轴方向的分量场分布。

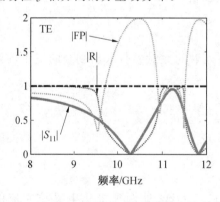
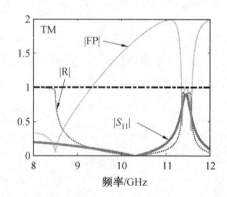

图 7.47   逆推 | FP | 排除法布里－佩罗型全透射

由图 7.48 可以看出,等效媒质中电磁波波前与实际超表面结构中电磁波波前(图中白色实线)和波长(图中 l_e)几乎一致,此时仿真得到 TE 极化电磁波的折射角约为 $36.19°$,TM 极化电磁波的折射角约为 $36.72°$,而根据实际超表面结构散射参数逆推得到的折射角分别为 $34.36°$ 和 $36.40°$,与等效媒质模型仿真得到的折射十分接近。此外,等效各向异性媒质仿真得到 TE 极化电磁波 $S_{11} = -40.6$ dB,TM 极化电磁波 $S_{11} = -59.88$ dB,二者的透射系数也十分接近于 1,与超表面的仿真结果几乎一致。因此,可以认为等效媒质模型较好地描述了实际超表面结构的宏观电磁响应,等效各向异性媒质模型的全波仿真结果也进一步验证了所设计超表面的广义布鲁斯特效应。

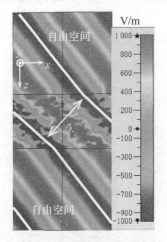

(a) TE极化入射等效媒质时电场分布

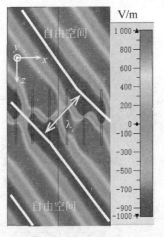

(b) TE极化入射超表面时电场分布

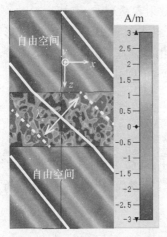

(c) TM极化入射等效媒质时磁场分布

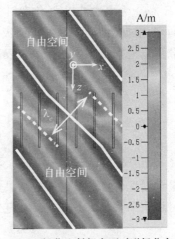

(d) TM极化入射超表面时磁场分布

图 7.48　电磁波入射等效各向异性媒质和实际超表面时场强分布对比图

3. 各向异性超表面模型的等效电磁参数逆推

现有关于等效表面电磁极化率参数的逆推大多考虑最一般的情形,过程较为烦琐。此处,通过观察超表面反射系数与透射系数表达式可以发现,待定的未知电磁参数共有 3 个,也出现了方程组欠定的情形。类似地,考虑到 c^{yy} 分量均是表征沿 y 轴方向的电(磁)场激励下产生的沿 y 轴方向的电(磁)响应,c^{yy} 也应不随入射角变化而变化,即 $c^{yy} = c^{yy}(0)$。因此,可以借助垂直和斜入射两种情况的

散射参数仿真值来求解。对于 TE 极化电磁波垂直入射,有

$$S_{11}(0) = r_{\text{TE}}(0) = \frac{\dfrac{-jk_0(\chi_{\text{ES}}^{yy} - \chi_{\text{MS}}^{xx}(0))}{2}}{1 - k_0^2\chi_{\text{MS}}^{xx}(0)\chi_{\text{ES}}^{yy}/4 + \dfrac{jk_0(\chi_{\text{ES}}^{yy} + \chi_{\text{MS}}^{xx}(0))}{2}} \tag{7.92}$$

$$S_{21}(0) = t_{\text{TE}}(0) = \frac{1 + \dfrac{k_0^2\chi_{\text{MS}}^{xx}(0)\chi_{\text{ES}}^{yy}}{4}}{1 - \dfrac{k_0^2\chi_{\text{MS}}^{xx}(0)\chi_{\text{ES}}^{yy}}{4} + \dfrac{jk_0(\chi_{\text{ES}}^{yy} + \chi_{\text{MS}}^{xx}(0))}{2}} \tag{7.93}$$

解得表面电磁极化率各分量为

$$\chi_{\text{ES}}^{yy} = \frac{2j}{k_0} \cdot \frac{S_{11}(0)_{\text{TE}} + S_{21}(0)_{\text{TE}} - 1}{S_{11}(0)_{\text{TE}} + S_{21}(0)_{\text{TE}} + 1} \tag{7.94}$$

$$\chi_{\text{MS}}^{xx} = \frac{2j}{k_0\cos\theta_i} \cdot \frac{S_{11}(\theta_i)_{\text{TE}} - S_{21}(\theta_i)_{\text{TE}} + 1}{S_{11}(\theta_i)_{\text{TE}} - S_{21}(\theta_i)_{\text{TE}} - 1} \tag{7.95}$$

$$\chi_{\text{MS}}^{zz} = \frac{1}{\sin^2\theta_i}\left(\frac{2j\cos\theta_i}{k_0} \cdot \frac{S_{11}(\theta_i)_{\text{TE}} + S_{21}(\theta_i)_{\text{TE}} - 1}{S_{11}(\theta_i)_{\text{TE}} + S_{21}(\theta_i)_{\text{TE}} + 1} - \chi_{\text{ES}}^{yy}\right) \tag{7.96}$$

式中,$S_{ij}(q_i)$ 为电磁波以 θ_i 角度斜入射时的散射参数($i,j = 1,2$)。

同理,根据对偶原理,由 TM 极化电磁波斜入射、垂直入射两种情形下的散射参数可以逆推出剩余三个等效表面电磁极化率分量,即

$$\chi_{\text{MS}}^{yy} = \frac{2j}{k_0} \cdot \frac{S_{11}(0)_{\text{TM}} + S_{21}(0)_{\text{TM}} - 1}{S_{11}(0)_{\text{TM}} + S_{21}(0)_{\text{TM}} + 1} \tag{7.97}$$

$$\chi_{\text{ES}}^{xx} = \frac{2j}{k_0\cos\theta_i} \cdot \frac{S_{11}(\theta_i)_{\text{TM}} - S_{21}(\theta_i)_{\text{TM}} + 1}{S_{11}(\theta_i)_{\text{TM}} - S_{21}(\theta_i)_{\text{TM}} - 1} \tag{7.98}$$

$$\chi_{\text{ES}}^{zz} = \frac{1}{\sin^2\theta_i}\left(\frac{2j\cos\theta_i}{k_0} \cdot \frac{S_{11}(\theta_i)_{\text{TM}} + S_{21}(\theta_i)_{\text{TM}} - 1}{S_{11}(\theta_i)_{\text{TM}} + S_{21}(\theta_i)_{\text{TM}} + 1} - \chi_{\text{MS}}^{yy}\right) \tag{7.99}$$

最终根据仿真的散射参数结果逆推得到等效各向异性超表面模型的等效表面电磁极化率张量为(虚部很小,可忽略)

$$\overline{\overline{\chi}}_{\text{ES}} = \begin{bmatrix} -2.39 & & \\ & -0.76 & \\ & & -0.10 \end{bmatrix} \times 10^{-2} \tag{7.100}$$

$$\overline{\overline{\chi}}_{\text{MS}} = \begin{bmatrix} -1.68 & & \\ & -1.15 & \\ & & -0.18 \end{bmatrix} \times 10^{-2} \tag{7.101}$$

将上述结果代入正向方程,得到逆推的 TE 和 TM 两种极化电磁波的布鲁斯特角分别为 44.80° 和 45.04°(虚部可忽略),与设计值 45° 十分吻合。

本章参考文献

[1] SHVETS G, TSUKERMAN I. Plasmonics and plasmonic metamaterials[M]. London: World Scientific Publishing, 2011.

[2] SMITH D R, PADILLA W J, VIER D C, et al. Composite medium with simultaneously negative permeability and permittivity[J]. Physical Review Letter, 2000, 84: 4184 - 4187.

[3] LIU Y, ZHANG X. Metamaterials: a new frontier of science and technology[J]. Chemical Society Reviews, 2011, 40: 2494 - 2507.

[4] YU N, GENEVET P, KATS M A, et al. Light propagation with phase discontinuities: generalized laws of reflection and refraction[J]. Science, 2011: 1210713

[5] AIETA F, GENEVET P, KATS M A, et al. Aberration-free ultrathin flat lenses and axicons at telecom wavelengths based on plasmonic metasurfaces[J]. Nano letters, 2012, 12(9): 4932-4936.

[6] NI X, ISHII S, KILDISHEV A V, et al. Ultra-thin, planar, Babinet-inverted plasmonic metalenses[J]. Light: Science & Applications, 2013, 2(4): e72.

[7] ZHENG G, MÜHLENBERND H, KENNEY M, et al. Metasurface holograms reaching 80% efficiency[J]. Nature Nanotechnology, 2015, 10(4): 308-312.

[8] WEN D, YUE F, LI G, et al. Helicity multiplexed broadband metasurface holograms[J]. Nature Communications, 2015, 6: 8241.

[9] DEVLIN R C, KHORASANINEJAD M, CHEN W T, et al. Broadband high-efficiency dielectric metasurfaces for the visible spectrum[J]. Proceedings of the National Academy of Sciences, 2016, 113(38): 10473.

[10] HUANG K, DONG Z, MEI S, et al. Silicon multi-meta-holograms for the broadband visible light[J]. Laser & Photonics Reviews, 2016, 10(3): 500-509.

[11] HECHT E, ZAJAC A. Optics[M]. New York: Addison Wesley, 2002.

[12] 张金豹, 王明慧, 耿浩, 等. 偏振分光棱镜带宽扩展设计与制备技术[J]. 光电技术应用, 2018, 33(5): 1.

[13] DAEAR W, MAHADEO M, PRENNER E J. Applications of Brewster angle

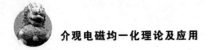
microscopy from biological materials to biological systems[J]. Biochimica et Biophysica Acta (BBA)-Biomembranes,2017,1859(10):1749-1766.

[14] THOMSON L I,OSINSKI G R,POLLARD W H. Application of the Brewster angle to quantify the dielectric properties of ground ice formations[J]. Journal of Applied Geophysics,2013,99:12-17.

[15] 张豫坤,祁继隆,王勋. 布儒斯特定律测折射率的光学系统设计[J]. 科技视界,2017 (12):117-117.

[16] 陆亚东,张先涛. 基于一维光子晶体的角度选择吸波体[J]. 光通信研究,2016 (6):42-45.

[17] ALU A,D'AGUANNO G,MATTIUCCI N,et al. Plasmonic Brewster angle:broadband extraordinary transmission through optical gratings[J]. Physical Review Letters,2011,106(12):123902.

[18] AKÖZBEK N,MATTIUCCI N,DE CEGLIA D,et al. Experimental demonstration of plasmonic Brewster angle extraordinary transmission through extreme subwavelength slit arrays in the microwave[J]. Physical Review B,2012,85(20):205430.

[19] 谭彦楠,李义民,刘通,等. 布儒斯特角结构 16.8 W 半导体抽运铷蒸气激光器[J]. 中国激光,2016,43(03):26-29.

[20] BERMEL P,GHEBREBRHAN M,CHAN W,et al. Design and global optimization of high-efficiency thermophotovoltaic systems[J]. Optics Express,2010,18(103):A314-A334.

[21] HÖHN O,KRAUS T,BAUHUIS G,et al. Maximal power output by solar cells with angular confinement[J]. Optics Express,2014,22(103):A715-A722.

[22] SHEN Y C,HSU C W,JOANNOPOULOS J D,et al. Air-compatible broadband angular selective material systems[J]. ArXiv Preprint ArXiv:1502.00243,2015.

[23] WANG C,ZHU Z B,CUI W Z,et al. All-angle Brewster effect observed on a terahertz metasurface[J]. Applied Physics Letters,2019,114(19):191902.

[24] 孙树林,何琼,周磊. 电磁超表面[J]. 物理,2015,44(06):366-376.

[25] WATANABE R,IWANAGA M,ISHIHARA T. S-polarization Brewster's angle of stratified metal - dielectric metamaterial in optical regime[J]. Physica Status Solidi (b),2008,245(12):2696-2701.

[26] SMITH D R,PENDRY J B. Homogenization of metamaterials by field averaging[J]. Journal of the Optical Society of America B,2006,23(3):391-403.

[27] PANIAGUA-DOMÍNGUEZ R,YU Y F,MIROSHNICHENKOA E,et al. Generalized Brewster effect in dielectric metasurfaces[J]. Nature Communications,2016,7:10362.

[28] KERKER M,WANG D S,GILES C L. Electromagnetic scattering by magnetic spheres[J]. Journal of the Optical Society of America,1983, 73(6):765-767.

[29] BOHREN C F,HUFFMAN D R. Absorption and scattering of light by small particles[M]. New Jersey:John Wiley & Sons,2008.

[30] ABUJETAS D R,SANCHEZ-GIL J A,SÁENZ J J. Generalized Brewster effect in high-refractive-index nanorod-based metasurfaces[J]. Optics Express,2018,26(24):31523-31541.

[31] SHEN Y C,YE D X,WANG L,et al. Metamaterial broadband angular selectivity[J]. Physical Review B,2014,90(12):125422.

[32] SHEN Y C,YE D X,CELANOVIC I,et al. Optical broadband angular selectivity[J]. Science,2014,343(6178):1499-1501.

[33] 杨立功,顾培夫,黄弼勤,等. 光波在左右手系材料界面处的传输特[J]. 光子学报,2003(10):1225-1227.

[34] 刘松华,梁昌洪,高洁,等. 各向异性异向介质表面的全反射与全透射[J]. 电波科学学报,2008,23(05):818-822.

[35] TAMAYAMA Y,NAKANISHI T,SUGIYAMA K,et al. Observation of Brewster's effect for transverse-electric electromagnetic waves in metamaterials:Experiment and theory[J]. Physical Review B,2006, 73(19):193104.

[36] TAMAYAMA Y. Brewster effect in metafilms composed of bi-anisotropic split-ring resonators[J]. Optics Letters,2015,40(7):1382-1385.

[37] LAVIGNE G,CALOZ C. Extending the Brewster effect to arbitrary angle and polarization using bianisotropic metasurfaces[C]. Boston,MA, USA:2018 IEEE International Symposium on Antennas and Propagation & USNC/URSI National Radio Science Meeting. IEEE,2018:771-772.

[38] KUESTER E F,MOHAMED M A,PIKET-MAY M,et al. Averaged transition conditions for electromagnetic fields at a metafilm[J]. IEEE Transactions on Antennas and Propagation,2003,51(10):2641-2651.

[39] HOLLOWAY C L,KUESTER E F,DIENSTFREY A. Characterizing metasurfaces/metafilms:The connection between surface susceptibilities and effective material properties[J]. IEEE Antennas and Wireless

Propagation Letters,2011,10:1507-1511.

[40] 田秀劳,贾蕾,陆晨,等.平面单色光入射到左手材料的布儒斯特角[J].西安邮电大学学报,2013,18(02):87-91.

[41] ALBOOYEH M,ASADCHY V S,ALAEE R,et al. Purely bianisotropic scatterers[J]. Physical Review B,2016,94(24):245428.

[42] JACKSON J D. Classical electrodynamics[M]. New Jersey:John Wiley & Sons,1999.

[43] PFEIFFER C,GRBIC A. Bianisotropic metasurfaces for optimal polarization control:Analysis and synthesis[J]. Physical Review Applied,2014,2(4):044011.

[44] ZHU B O. Metasurface synthesis with arbitrary incident angles using planar electric impedance surfaces[J]. IEEE Journal on Multiscale and Multiphysics Computational Techniques,2019,4:51-56.

[45] NIEMI T,KARILAINENA O,TRETYAKOV S A. Synthesis of polarization transformers[J]. IEEE Transactions on Antennas and Propagation,2013,61(6):3102-3111.

[46] SALEM M A,CALOZ C. Manipulating light at distance by a metasurface using momentum transformation[J]. Optics Express,2014,22(12):14530-14543.

[47] 贾胜利.新型人工电磁表面对电磁波传播特性的控制[D].南京:南京航空航天大学,2016.

[48] HOLLOWAY C L,KUESTER E F,GORDON J A,et al. An overview of the theory and applications of metasurfaces:The two-dimensional equivalents of metamaterials[J]. IEEE Antennas and Propagation Magazine,2012,54(2):10-35.

[49] ACHOURI K,SALEM M A,CALOZ C. General metasurface synthesis based on susceptibility tensors[J]. IEEE Transactions on Antennas and Propagation,2015,63(7):2977-2991.

[50] SHELBY R A,SMITH D R,SCHULTZ S. Experimental verification of a negative index of refraction[J]. Science,2001,292(5514):77-79.

[51] SEETHARAMAN SS,KING C G,HOOPER I R,et al. Electromagnetic interactions in a pair of coupled split-ring resonators[J]. Physical Review B,2017,96(8):085426.

[52] 武文轩,项铁铭.基于多开口谐振环的双频左手材料设计[J].电波科学学报,2018,33(06):682-687.

[53] MARQUÉS R,MEDINA F,RAFII-EL-IDRISSI R. Role of bianisotropy

in negative permeability and left-handed metamaterials[J]. Physical Review B,2002,65(14):144440.

[54] 肖文龙,陈勇洁,陈泓宇,等.改进电磁超材料反演算法的实现及验证[J].科技创新与应用,2016(13):63.

[55] LAROUCHE S,RADISIC V. Retrieval of all effective susceptibilities in nonlinear metamaterials[J]. Physical Review A,2018,97(4):043863.

[56] MENZEL C,ROCKSTUHL C,PAUL T,et al. Retrieving effective parameters for metamaterials at oblique incidence[J]. Physical Review B,2008,77(19):195328.

[57] QI J R,KETTUNEN H,WALLEN H,et al. Compensation of Fabry—Pérot resonances in homogenization of dielectric composites[J]. IEEE Antennas and Wireless Propagation Letters,2010,9:1057-1060.

[58] HOLLOWAY C L,KUESTER E F. Generalized sheet transition conditions for a metascreen—A Fishnet Metasurface[J]. IEEE Transactions on Antennas and Propagation,2018,66(5):2414-2427.

[59] LAVIGNE G,ACHOURI K,ASADCHY V S,et al. Susceptibility derivation and experimental demonstration of refracting metasurfaces without spurious diffraction[J]. IEEE Transactions on Antennas and Propagation,2018,66(3):1321-1330.

[60] ABUJETAS D R,BARREDA A,MORENO F,et al. Brewster quasi bound states in the continuum in all-dielectric metasurfaces from single magnetic-dipole resonance meta-atoms[J]. ArXiv Preprint ArXiv:1902.07148,2019.

名词索引

介观电磁均一化理论及应用

附录 部分彩图

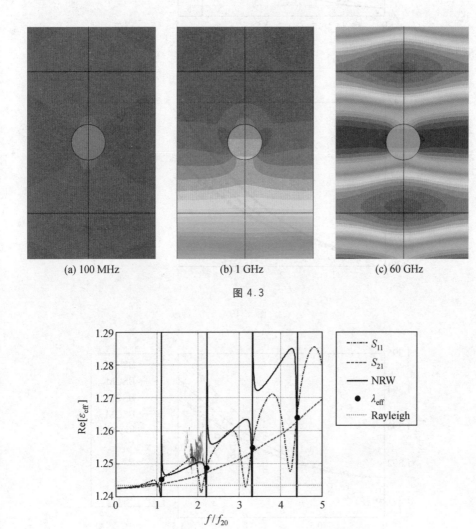

(a) 100 MHz   (b) 1 GHz   (c) 60 GHz

图 4.3

图 5.16

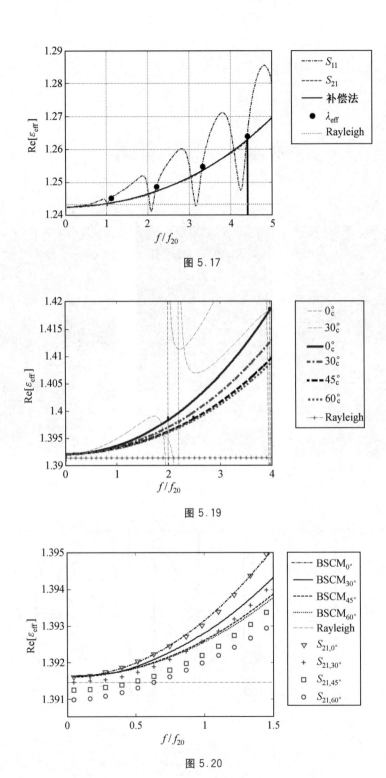

图 5.17

图 5.19

图 5.20

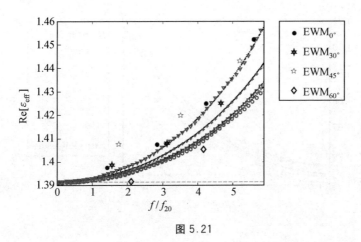

图 5.21

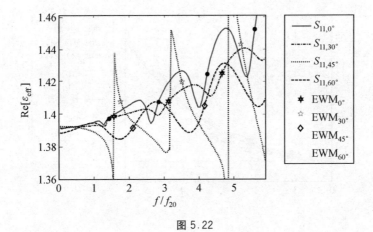

图 5.22

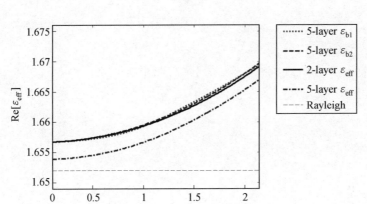

图 5.27

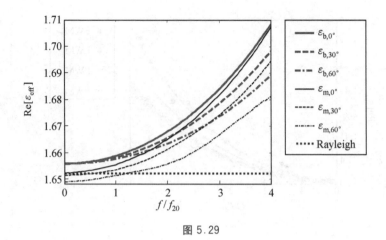

图 5.29

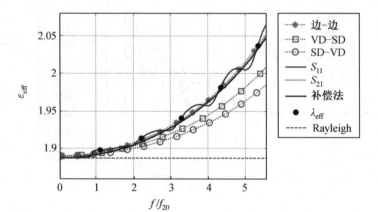

图 6.8